스스로 알아서 하는

하루 10분수학   계산편

① 단계
1학년 1학기
과정

하루10분수학(계산편)의 소개

스스로 알아서 하는 하루10분수학으로 공부에 자신감을 가지자!!!
스스로 공부 할 줄 아는 학생이 공부를 잘하게 됩니다.
책상에 앉으면 제일 처음 '하루10분수학'을 펴서 공부해 보세요.
기본적인 수학의 개념과 계산력 훈련은 집중력을 늘리게 되고
이 자신감으로 다른 학습도 하고 싶은 마음이 생길 것입니다.
매일매일 스스로 책상에 앉아서 연습하고 이어서 할 것을 계획하는 버릇이 생기면
비로소 자기주도학습이 몸에 배게 됩니다.

하루10분수학(계산편)의 활용

1. 아침 학교 가기 전 집에서 하루를 준비하세요.
2. 등교 후 1교시 수업 전 학교에서 풀고, 수업 준비를 완료하세요.
3. 하교 후 정한 시간에 책상에 앉고 제일 처음 이 교재를 학습하세요.

하루10분수학은 수학의 개념/원리 부분을 스스로 익혀
학교와 학원의 수업에서 이해가 빨리 되도록 돕고, 생각을 더 많이 할 수 있게 해 주는 교재입니다.
'1페이지 10분 100일 +8일 과정' 혹은 '5페이지 20일 속성 과정'으로 이용하도록 구성되어 있습니다.
본문의 오랜지색과 검정색의 조화는 기분을 좋게 하고, 집중력을 높이데 많은 도움이 됩니다.

나는   (하)고   한

                                    (이)가 될거예요!

공부의 목표

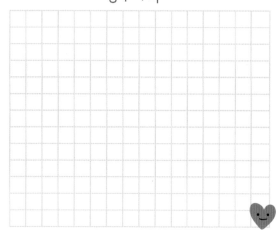

예체능의 목표

생활의 목표

건강의 목표

 공부의 목표를 달성하기 위해

1.

2.

3.

할거예요.

예체능의 목표를 달성하기 위해

1.

2.

3.

할거예요.

 생활의 목표를 달성하기 위해

1.

2.

3.

할거예요.

건강의 목표를 달성하기 위해

1.

2.

3.

할거예요.

 나의 목표를 꼼꼼히 세우고, 목표를 달성하기위해 노력해요^^

HAPPY

꿈을 향한 나의 일정표

화이팅!!

월

SUN	MON	TUE	WED	THU	FRI	SAT

메모 하세요!

월

SUN	MON	TUE	WED	THU	FRI	SAT

메모 하세요!

꿈을 향한 **나의 일정표**

화이팅!!

월 - - - - - - - - - - - - - - - - - - - 이달의일정표를 작성해 보세요!

SUN	MON	TUE	WED	THU	FRI	SAT

메모 하세요!

월 -

SUN	MON	TUE	WED	THU	FRI	SAT

메모 하세요!

※ 문제를 풀고난 후 틀린 점수를 적고 약한 부분을 확인하세요.

하루10분수학(계산편)의 구성

1. 오늘 공부할 제목을 읽습니다.

2. 개념부분을 가능한 소리내어 읽으면서 이해합니다.

4. 다 풀었으면, 걸린시간을 적습니다.
정확히 풀다보면 빨라져요!!!
시간은 참고만^^

1 수 3개의 계산 (2)

월 일
분 초

12 문제 중
문제
맞았기!

5. 스스로 답을 맞히고, 점수를 써 넣습니다.
틀린 문제는 다시 풀어봅니다.

소리내어 읽기

4 + 1 − 3 의 계산

사과 4개에서 사과 1개를 더하면 사과 5개가 되고,
5개에서 3개를 빼면 사과는 2개가 됩니다.
이 것을 식으로 4+1−3=2이라고 씁니다.

4+1−3의 계산은 처음 두개 4+1을 먼저 계산하고, 그 값에
뒤에 있는 −3를 계산하면 됩니다.

$$4 + 1 - 3 = 2$$
5
2

※ 여러 개의 식이 붙어 있으면, 처음부터 한개 한개 계산합니다.

소리내어 풀기

위의 내용을 생각해서 아래의 □에 알맞은 수를 적으세요.

3. 개념부분을 참고하여 가능한 소리내어 읽으며 문제를 풉니다.
시작하기전 시계로 시간을 잽니다.

1 2 + 2 − 1 = □
4
3

5 2 + 3 − 3 = □

9 5 + 2 − 6 = □

2 4 + 3 − 5 = □

6 5 + 2 − 4 = □

10 3 + 4 − 5 = □

3 5 + 4 − 2 = □

7 4 + 1 − 2 = □

11 1 + 6 − 3 = □

4 3 + 0 − 3 = □

8 8 + 1 − 0 = □

12 4 + 6 − 4 = □

이어서 나는 □을(를) 공부/연습할거야! 05

6. 모두 끝났으면, 이어서 공부나 연습할 것을 스스로 정하고 실천합니다.

tip 교재를 완전히 펴서 사용해도 잘 뜯어지지 않습니다.

공부하는 습관 !

하루 10분 수학

배울 내용

1단계
1학년 1학기 과정

아래 숫자를 읽으면 **일, 이, 삼, 사, 오**입니다. 하나, 둘, 셋, 넷, 다섯이라고도 읽습니다.

1	**2**	**3**	**4**	**5**	
일	이	삼	사	오	라고 읽습니다.
하나	둘	셋	넷	다섯	이라고 읽기도 합니다.

한자말 (一, 二, 三, 四, 五)

순우리말

⬤의 개수를 숫자와 한글로 정성들여 정확히 적어 보세요.

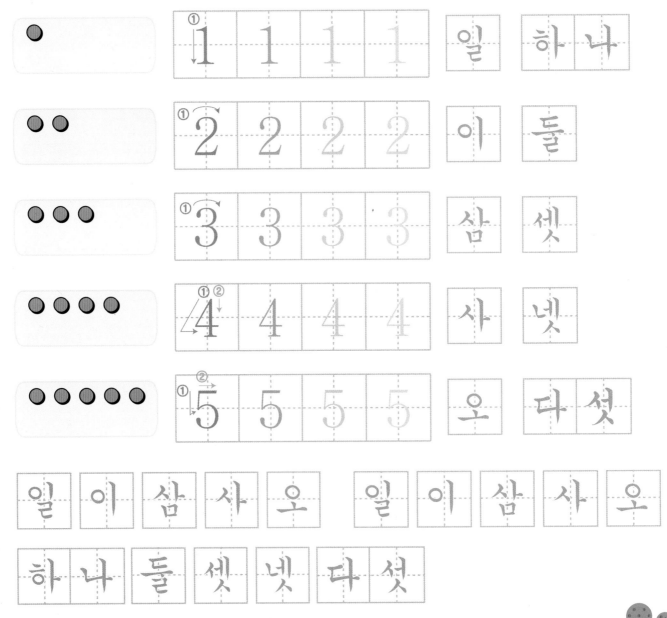

소리내
읽기

물건을 **하나, 둘, 셋, 넷, 다섯,**.... 으로 세고, 마지막으로 센 수가 **개수**가 됩니다.

| 하나 | 둘 | 셋 | 넷 | 다섯 | 이라고 읽고, |

마지막으로 센 **다섯**이 개수가 됩니다. 그래서 사과가 **5**개 있습니다.
다섯

소리내
풀기

네모 안에 있는 물건의 개수를 모두 세고, 몇 개인지 ☐ 안에 숫자로 적어보세요.

01.
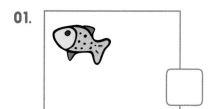

06.

11.

02.
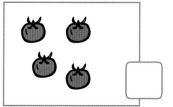

07.

12.

03.
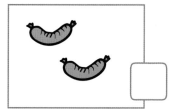

08.
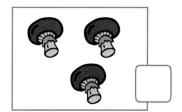

13.
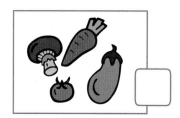

04.

09.
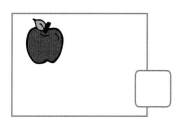

14.

05.
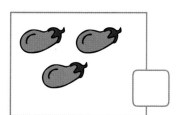

10.
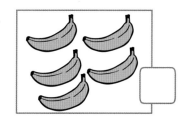

15.
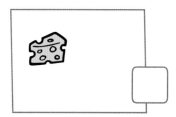

03 5까지의 순서

소리내 읽기 순서를 세는 방법은 제일 처음을 **첫째**, 그 다음부터는 **둘째**, **셋째**,... 로 읽습니다. **째**를 붙여서 순서를 나타냅니다.

1	2	3	4	5

| 하나 | 둘 | 셋 | 넷 | 다섯 | 이라고 숫자를 읽고, **숫자** 읽기 |

| 첫째 | 둘째 | 셋째 | 넷째 | 다섯째 | 라고 순서를 말합니다. **순서** 읽기 |

위의 그림에서 과일은 모두 **5**개가 있습니다. 사과는 앞에서 **첫째**에 있고, 당근은 앞에서 **둘째**, 뒤에서 **넷째**에 있습니다.

소리내 풀기 그림을 보고 물음에 대한 알맞은 수를 ☐ 안에 한글로 적으세요.

01. 위 그림에서, 사과 🍎 는 뒤에서 ☐째에 있습니다.

02. 위 그림에서, 당근 🥕 은 앞에서 ☐째에 있고, 뒤에서는 ☐째 있습니다.

03. 위 그림에서, 바나나 🍌 는 앞에서 ☐째에 있고, 뒤에서는 ☐째 있습니다.

04. 위 그림에서, 버섯 🍄 은 앞에서 ☐째에 있습니다. 뒤에서는 ☐째 있습니다.

앞 🐑 🐛 🦁 🐷 🐜 뒤

05. 위 그림에서, 여우 🐛 는 앞에서 ☐째에 있습니다. 뒤에서는 ☐째 있습니다.

06. 위 그림에서, 돼지 🐷 는 앞에서 ☐째에 있습니다. 뒤에서는 ☐째 있습니다.

07. 위 그림에서, 개미 🐜 는 앞에서 ☐째에 있습니다. 뒤에서는 ☐째 있습니다.

08. 위 그림에서, 사자 🦁 는 앞에서 ☐째에 있습니다. 뒤에서는 ☐째 있습니다.

04 하나(1) 큰 수 / 하나(1) 작은 수

소리내 읽기

1 보다 **1** 더 큰 수는 **2**입니다. **2** 보다 **1** 큰 수는 **3**입니다.

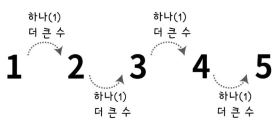

하나(1)
더 큰 수

하나(1)
더 큰 수

1 **2** **3** **4** **5**

하나(1)
더 큰 수

하나(1)
더 큰 수

3 보다 **1** 작은 수는 **2**입니다. **2** 보다 **1** 작은 수는 **1**입니다.

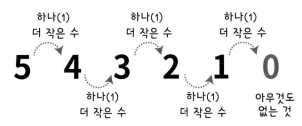

하나(1)
더 작은 수

하나(1)
더 작은 수

하나(1)
더 작은 수

5 **4** **3** **2** **1** **0**

하나(1)
더 작은 수

하나(1)
더 작은 수

아무것도
없는 것

0 ➡ **1** 보다 **1** 작은 수로 아무것도 없는 것을 **0** 이라 쓰고 영 이라고 읽습니다.

소리내 풀기

네모 안에 있는 음식의 개수를 □안에 적고
그 수보다 **1** 더 큰 수를 ___에 적으세요.

소리내 풀기

네모 안에 있는 음식의 개수를 □안에 적고
그 수보다 **1** 더 작은 수를 ___에 적으세요.

01. 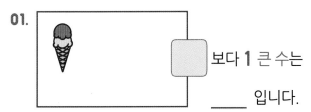 보다 **1** 큰 수는 ___ 입니다.

02. 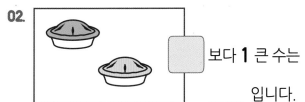 보다 **1** 큰 수는 ___ 입니다.

03. 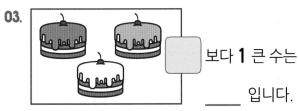 보다 **1** 큰 수는 ___ 입니다.

04. 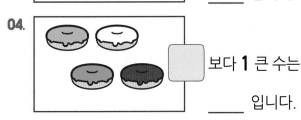 보다 **1** 큰 수는 ___ 입니다.

05. 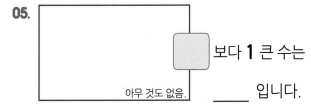 아무 것도 없음. 보다 **1** 큰 수는 ___ 입니다.

06. 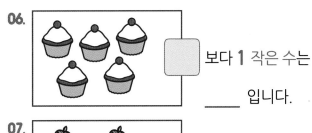 보다 **1** 작은 수는 ___ 입니다.

07.  보다 **1** 작은 수는 ___ 입니다.

08. 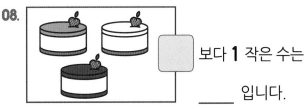 보다 **1** 작은 수는 ___ 입니다.

09. 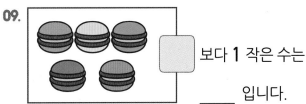 보다 **1** 작은 수는 ___ 입니다.

10. 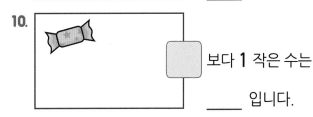 보다 **1** 작은 수는 ___ 입니다.

05 5 가지고 놀기

월 일
분 초

 소리내 읽기

3에서 5가 되기 위해서는 2개가 더 필요합니다.

◉ ◉ ◉ 에서

● 을 2개 더 넣으면
원 두

◉ ◉ ◉ ◉ ◉ 이 됩니다.

그러므로, 3에서 2을 더하면 5가 됩니다.
삼 이 오

5개에서 2개가 없어지면 3개가 됩니다.

◉ ◉ ◉ ◉ ◉ 에서

● 2개가 없어지면
원 두

◉ ◉ ◉ 이 됩니다.

그러므로, 5에서 2가 없어지면 3이 됩니다.
오 이 삼

 소리내 풀기

아래의 물음에 알맞은 수를 빈칸에 적으세요.

01. ◉ ◉ ◉ ◉ 에서 ◯ 를 ____ 개 더 넣으면

◉ ◉ ◉ ◉ ◯ 이 됩니다.

그러므로, **4**에서 ____ 을 더하면 **5**가 됩니다.

02. ◉ ◉ 에서 ◯ 를 ____ 개 더 넣으면

◉ ◉ ◯ ◯ ◯ 이 됩니다.

➡ **2**에서 ____ 을 더하면 **5**가 됩니다.

03. ◉ 에서 ◯ 를 ____ 개 더 넣으면

◉ ◉ ◉ ◉ ◉ 이 됩니다.

➡ **1**에서 ____ 를 더하면 **5**가 됩니다.

04. [   ] 에서 ◯ 를 ____ 개 더 넣으면

◉ ◉ ◉ ◉ ◉ 이 됩니다.

➡ **0**에서 ____ 를 더하면 **5**가 됩니다.

05. ◉ ◉ ◉ ◉ ◯ 에서 ◯ 이 ____ 개 없어지면

◉ ◉ ◉ ◉ 이 됩니다.

그러므로, **5**에서 ____ 이 없어지면 **4**가 됩니다.

06. ◉ ◉ ◯ ◯ ◯ 에서 ◯ 이 ____ 개 없어지면

◉ ◉ 이 됩니다.

➡ **5**에서 ____ 이 없어지면 **2**가 됩니다.

07. ◉ ◉ ◉ ◉ ◉ 에서 ◯ 이 ____ 개 없어지면

◉ 이 됩니다.

➡ **5**에서 ____ 가 없어지면 **1**이 됩니다.

08. ◉ ◉ ◉ ◉ 에서 ◯ 이 ____ 개 없어지면

[   ] 이 됩니다.

➡ **5**에서 **5**가 없어지면 ____ 이 됩니다.

확인 （틀린 문제의 수를 적고, 약한 부분을 보충하세요.）

회차	틀린문제수
01 회	문제
02 회	문제
03 회	문제
04 회	문제
05 회	문제

오답노트 （앞에서 틀린 문제나 기억하고 싶은 문제를 적습니다.）

회	번
문제	풀이

회	번
문제	풀이

회	번
문제	풀이

회	번
문제	풀이

회	번
문제	풀이

생각해보기 （배운 내용이 모두 이해 되었나요?）

■ 모두 이해하고 자신있다. → 다음 회로 넘어 갑니다.

■ 1~2문제 틀릴 수는 있겠지만 거의 이해한다.
→ 개념부분을 한번 더 읽고 다음 회로 넘어 갑니다.

■ 잘 모르는 것 같다.
→ 개념부분과 틀린문제를 한번 더 보고 다음 회로 넘어 갑니다.

소리내 읽기
아래 숫자를 읽으면 **육**, **칠**, **팔**, **구**, **십**입니다. 여섯, 일곱, 여덟, 아홉, 열이라고도 읽습니다.

6	**7**	**8**	**9**	**10**
육	칠	팔	구	십

이라고 읽습니다. 한자말 (六, 七, 八, 九, 十)

| 여섯 | 일곱 | 여덟 | 아홉 | 열 |

이라고 읽기도 합니다. 순우리말

소리내 풀기
⬤의 개수를 숫자와 한글로 정확히 정성들여 적어 보세요.

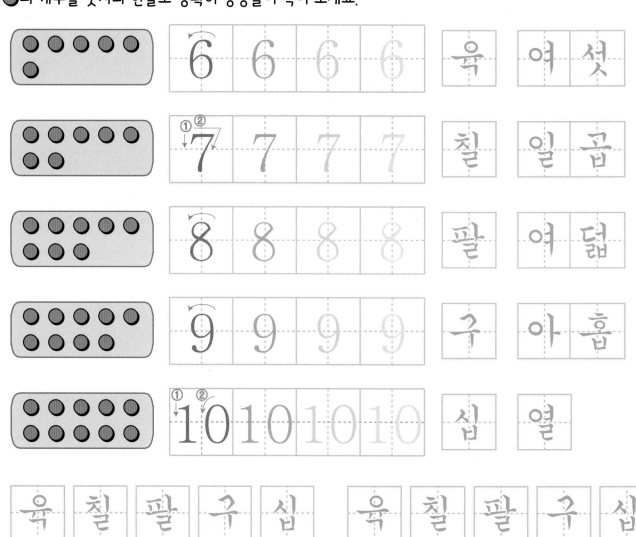

소리내 읽기

물건을 일, 이, 삼,... 으로 세고, 마지막으로 센 수가 개수가 됩니다.

하나 둘 셋 넷 다섯 — 여섯 — 일곱 — 여덟 — 아홉 — 열 이라고 읽고,

위의 사과를 모두 세면 마지막으로 센 열이 개수가 됩니다. 그래서 사과가 10개 있습니다.
열

소리내 풀기

네모 안에 있는 공의 개수를 모두 세고, 몇 개인지 ⬜ 안에 숫자로 적어보세요.

01.

06.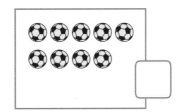

11.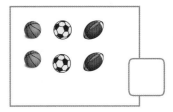

02.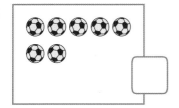

07.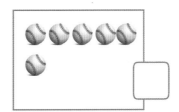

12.

03.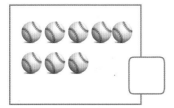

08.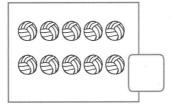

13.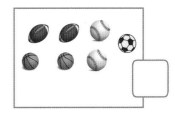

04.

09.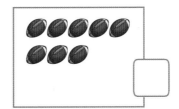

14.

05.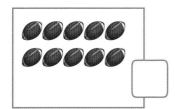

10.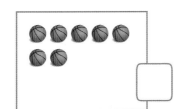

15.

월 일
분 초

8 문제중
문제 맞았어

순서를 셀 때는 처음을 **첫째**, 그 다음부터는 **둘째, 셋째... 여섯째, 일곱째** 로 읽고, 마지막으로 센 수가 **개수**가 됩니다.

| 1 | 2 | 3 | 4 | 5 | 🥕 6 | 🍄 7 | 🍆 8 | 🍉 9 | 🍌 10 |

| 하나 | 둘 | 셋 | 넷 | 다섯 | **여섯** | **일곱** | **여덟** | **아홉** | **열** | 이라고 숫자를 읽고 |

| 첫째 | 둘째 | 셋째 | 넷째 | 다섯째 | **여섯**째 | **일곱**째 | **여덟**째 | **아홉**째 | **열**째 | 라고 순서를 말합니다. |

위의 그림에서 과일은 모두 **10**개가 있습니다. 당근은 앞에서 **여섯**째에 있습니다.

그림을 보고 물음에 대한 알맞은 수를 ☐안에 한글로 적으세요.

01. 위 그림에서, 당근 🥕 은 뒤에서 ☐ 째에 있습니다.

02. 위 그림에서, 버섯 🍄 은 앞에서 ☐ 째에 있습니다. 뒤에서는 ☐ 째 있습니다.

03. 위 그림에서, 가지 🍆 는 앞에서 ☐ 째에 있고, 뒤에서는 ☐ 째 있습니다.

04. 위 그림에서, 수박 🍉 은 앞에서 ☐ 째에 있고, 뒤에서는 ☐ 째 있습니다.

| 앞 | 🐦🐦🐦🐦🐦 🐑 🦊 🦁 🐷 🐜 | 뒤 |

05. 위 그림에서, 여우 🦊 는 앞에서 ☐ 째에 있습니다. 뒤에서는 ☐ 째 있습니다.

06. 위 그림에서, 돼지 🐷 는 앞에서 ☐ 째에 있고, 뒤에서는 ☐ 째 있습니다.

07. 위 그림에서, 개미 🐜 는 앞에서 ☐ 째에 있고, 뒤에서는 ☐ 째 있습니다.

08. 위 그림에서, 사자 🦁 는 앞에서 ☐ 째에 있고, 뒤에서는 ☐ 째 있습니다.

소리내 읽기

6 보다 1 큰 수는 7 입니다. 7 보다 1 큰 수는 8 입니다.

하나(1) 더 큰 수   하나(1) 더 큰 수

6   7   8   9   10

하나(1) 더 큰 수   하나(1) 더 큰 수

8 보다 1 작은 수는 7입니다. 7 보다 1 작은 수는 6 입니다.

하나(1) 더 작은 수   하나(1) 더 작은 수   하나(1) 더 작은 수

10   9   8   7   6   5

하나(1) 더 작은 수   하나(1) 더 작은 수   아무것도 없는 것

10 → 9 보다 1 큰 수로 **10** 이라 쓰고 십 이라고 읽습니다. 10보다 1 더 큰 수는 11 (십일) 입니다.

소리내 풀기

네모 안에 있는 물건의 개수를 ☐안에 적고 그 수보다 1 더 큰 수를 ___ 에 적으세요.

01. ⬜ 보다 1 큰 수는 ___ 입니다.

02. ⬜ 보다 1 큰 수는 ___ 입니다.

03. ⬜ 보다 1 큰 수는 ___ 입니다.

04. ⬜ 보다 1 큰 수는 ___ 입니다.

05. ⬜ 보다 1 큰 수는 ___ 입니다.

소리내 풀기

네모 안에 있는 물건의 개수를 ☐안에 적고 그 수보다 1 더 작은 수를 ___ 에 적으세요.

06. ⬜ 보다 1 작은 수는 ___ 입니다.

07. ⬜ 보다 1 작은 수는 ___ 입니다.

08. ⬜ 보다 1 작은 수는 ___ 입니다.

09. ⬜ 보다 1 작은 수는 ___ 입니다.

10. ⬜ 보다 1 작은 수는 ___ 입니다.

10 10 가지고 놀기

8에서 10이 되기 위해서는 2가 더 필요합니다.

●●●●●●●●● 에서

● 을 **2**개 더 넣으면
계란 두

●●●●●●●●●● 이 됩니다.

그러므로, **8**에서 **2**를 더하면 **10**이 됩니다.
팔 이 십

10개에서 3개가 없어지면 7개가 됩니다.

●●●●●●●●●● 에서

● 모양 **3**가 없어지면
계란 세

●●●●●●● 이 됩니다.

그러므로, **10**에서 **3**이 없어지면 **7**이 됩니다.
십 삼 칠

아래의 물음에 알맞은 수를 빈칸에 적으세요.

01. ●●●●●●●●● 에서 ● 을 ＿＿ 개 더 넣으면
계란 ＿＿

●●●●●●●●●● 이 됩니다.

그러므로, **9**에서 ＿＿ 을 더하면 **10**이 됩니다.

02. ●●●●●●●● 에서 ● 을 ＿＿ 개 더 넣으면

●●●●●●●●●● 이 됩니다.

8에서 ＿＿ 를 더하면 **10**이 됩니다.

03. ●●●●●●● 에서 ● 을 ＿＿ 개 더 넣으면

●●●●●●●●●● 이 됩니다.

7에서 ＿＿ 을 더하면 **10**이 됩니다.

04. ●●●●●● 에서 ● 을 ＿＿ 개 더 넣으면

●●●●●●●●●● 이 됩니다.

6에서 ＿＿ 를 더하면 **10**이 됩니다.

05. ●●●●●●●●●● 에서 ● 이 ＿＿ 개 없어지면
계란 ＿＿

●●●●●●●●● 가 됩니다.

그러므로, **10**에서 ＿＿ 이 없어지면 **9**가 됩니다.

06. ●●●●●●●●●● 에서 ● 이 ＿＿ 개 없어지면

●●●●●●●● 이 됩니다.

10에서 ＿＿ 가 없어지면 **8**이 됩니다.

07. ●●●●●●●●●● 에서 ● 이 ＿＿ 개 없어지면

●●●●●●● 이 됩니다.

10에서 ＿＿ 이 없어지면 **7**이 됩니다.

08. ●●●●●●●●●● 에서 ● 이 ＿＿ 개 없어지면

●●●●● 가 됩니다.

10에서 **5**가 없어지면 ＿＿ 가 됩니다.

확인 (틀린 문제의 수를 적고, 약한 부분을 보충하세요.)

회차	틀린문제수
06 회	문제
07 회	문제
08 회	문제
09 회	문제
10 회	문제

오답노트 (앞에서 틀린 문제나 기억하고 싶은 문제를 적습니다.)

회	번
문제	풀이

회	번
문제	풀이

회	번
문제	풀이

회	번
문제	풀이

회	번
문제	풀이

생각해보기 (배운 내용이 모두 이해 되었나요?)

■ 모두 이해하고 자신있다. → 다음 회로 넘어 갑니다.

■ 1~2문제 틀릴 수는 있겠지만 거의 이해한다.

　→ 개념부분을 한번 더 읽고 다음 회로 넘어 갑니다.

■ 잘 모르는 것 같다.

　→ 개념설명과 틀린문제를 한번 더 보고 다음회로 넘어 갑니다.

수를 순서대로 썼을 때 **더 뒤에 쓰는 수가 더 큰 수입니다.** 7보다 8이 더 큰 수이고, 9보다 10이 더 큰 수 입니다.

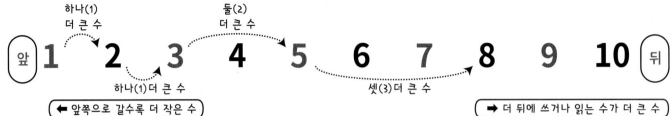

많습니다. 적습니다. → 물건의 수량은 "많습니다. 적습니다."라고 쓰고,
숫자의 크기는 "큽니다. 작습니다."라고 씁니다. "큰 수. 작은 수."

두 개의 수 중에서 더 큰 수를 ☐ 에 적으세요.

보기 | 1 | 3 | **3**

01. | 9 | 1 |

02. | 7 | 4 |

03. | 4 | 5 |

04. | 5 | 7 |

05. | 8 | 9 |

06. | 3 | 2 |

07. | 6 | 8 |

08. | 1 | 7 |

09. | 4 | 9 |

10. | 5 | 3 |

11. | 8 | 4 |

12. | 2 | 6 |

13. | 7 | 5 |

14. | 3 | 1 |

15. | 0 | 2 |

16. | 2 | 7 |

17. | 4 | 9 |

※ 수나 글을 이쁘게 적는 연습을 합니다. 네모안에 정성들여 답을 적어보세요^^

12 더 큰 수 / 더 작은 수 (생각문제)

문제) 붉은색 주사위는 **5**개가 있고, 검은색 주사위는 **4**개가 있습니다. 어떤 주사위가 몇개 더 많을까요?

풀이) 수를 오른쪽으로 하나 큰 수씩 적으면 **5**는 **4**보다 오른쪽에 있으므로, **5**가 더 큰 수 입니다. (**5**는 **4**보다 뒤에 있습니다.)
그래서 붉은색 주사위가 더 많습니다.

붉은색 주사위와 검은색 주사위를 하나씩 짝을 지으면
붉은색 주사위 **1**개가 남습니다.
그러므로 붉은색 주사위가 더 많습니다.

답) 붉은색 주사위가 **1**개 더 많습니다.

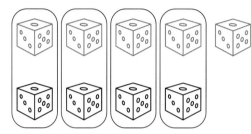

아래의 문제를 풀어보세요.

01. 민수는 사탕을 **4**개 가지고 있고, 윤희는 사탕을 **6**개 가지고 있습니다. 누가 사탕을 더 가지고 있을까요?

풀이) 민수 = **4**개, 윤희 = **6**개

수를 오른쪽으로 하나씩 큰 수를 적으면

[ ]은 [ ]보다 뒤에 있습니다.

답) [ ]

02. 민체는 공을 **7**개 가지고 있고, 진수는 공을 **3**개 가지고 있습니다. 누가 공을 몇 개 더 가지고 있을까요?

풀이) 민체 = **7**개, 진수 = [ ]개

민체의 공과 진수의 공을 하나씩 짝을 지으면

민체의 공 ⚾⚾⚾⚾⚾⚾⚾

진수의 공 ⚾⚾⚾

[ ]의 공이 [ ]개 남습니다.

답) [ ]의 공이 [ ]개 더 많습니다.

옆에 있는 **01**번, **02**번과 같은 방법으로 풀어보세요.

03. 현우는 동전을 **8**개 가지고 있고, 윤서는 동전을 **9**개 가지고 있습니다. 누가 동전을 더 가지고 있을까요?

풀이)   (풀이 2점 / 답 2점)

답) _____ ← 이름만 적으면 됩니다.
문제에 따라 꼭 문장으로 적어야 될 때도 있습니다.

04. 하은이는 사과를 **2**개 가지고 있고, 예은이는 사과를 **5**개 가지고 있습니다. 누가 사과를 몇 개 더 가지고 있을까요?

풀이)   (풀이 2점 / 답 2점)

답)
← 이름과 개수만 적어도 되고,
옆과 같이 문장으로 적어도 됩니다.

13 5,6,7 이해하기

5는 **1**과 **4**의 합입니다.

1   4

5는 **2**와 **3**의 합입니다.

2   3

6은 **1**과 **5**의 합입니다.

1   5

6은 **2**와 **4**의 합입니다.

2   4

7은 **1**과 **6**의 합입니다.

1   6

7은 **2**와 **5**의 합입니다.

2   5

문제의 아래에 있는 ●에 알맞는 선을 그어 보고, 이것을 이용하여 ▨에 알맞은 수를 적으세요.

01. 2는 **1**과 ____의 합입니다.

02. 3은 **1**과 ____의 합입니다.

03. 3은 **2**와 ____의 합입니다.

04. 4는 **1**과 ____의 합입니다.

05. 4는 **2**와 ____의 합입니다.

06. 4는 **3**과 ____의 합입니다.

07. 5는 **3**과 ____의 합입니다.

08. 5는 **4**와 ____의 합입니다.

09. 6은 **3**과 ____의 합입니다.

10. 6은 **4**와 ____의 합입니다.

11. 6은 **5**와 ____의 합입니다.

12. 7은 **1**과 ____의 합입니다.

13. 7은 **2**와 ____의 합입니다.

14. 7은 **3**과 ____의 합입니다.

15. 7은 **4**와 ____의 합입니다.

16. 7은 **5**와 ____의 합입니다.

17. 7은 **6**과 ____의 합입니다.

18. 2는 **0**과 ____의 합입니다.

19. 3은 **0**과 ____의 합입니다.

20. 4는 **4**와 ____의 합입니다.

21. 5는 **0**과 ____의 합입니다.

26

14 8,9 이해하기

8은 **1**과 **7**의 합입니다.

➔ **1**과 **7**을 합하면 **8**이 됩니다.

8은 **7**과 **1**의 합입니다.

➔ **7**과 **1**을 합하면 **8**이 됩니다.

9는 **1**과 **8**의 합입니다.

➔ **1**과 **8**을 합하면 **9**가 됩니다.

9는 **0**과 **9**의 합입니다.

➔ **0**과 **9**를 합하면 **9**가 됩니다.

문제의 아래에 있는 ●를 이용하여 ☐ 에 알맞은 수를 적으세요.

01. 8은 **1**과 ____ 의 합입니다.

02. 8은 **2**와 ____ 의 합입니다.
●●●●●●●●

03. 8은 **3**과 ____ 의 합입니다.
●●●●●●●●

04. 8은 **4**와 ____ 의 합입니다.
●●●●●●●●

05. 8은 **5**와 ____ 의 합입니다.
●●●●●●●●

06. 8은 **6**과 ____ 의 합입니다.
●●●●●●●●

07. 8은 **7**과 ____ 의 합입니다.
●●●●●●●●

08. 9는 **2**와 ____ 의 합입니다.
●●●●●●●●●

09. 9는 **3**과 ____ 의 합입니다.
●●●●●●●●●

10. 9는 **4**와 ____ 의 합입니다.
●●●●●●●●●

11. 9는 **5**와 ____ 의 합입니다.
●●●●●●●●●

12. 9는 **6**과 ____ 의 합입니다.
●●●●●●●●●

13. 9는 **7**과 ____ 의 합입니다.
●●●●●●●●●

14. 9는 **8**과 ____ 의 합입니다.
●●●●●●●●●

15. **3**과 **5**를 합하면 ____ 이 됩니다.
●●●●●●●●

16. **1**과 **7**을 합하면 ____ 이 됩니다.
●●●●●●●●

17. **4**와 **4**를 합하면 ____ 이 됩니다.
●●●●●●●●

18. **7**과 **2**를 합하면 ____ 이 됩니다.
●●●●●●●●●

19. **8**과 **1**를 합하면 ____ 이 됩니다.
●●●●●●●●●

20. **6**과 **3**을 합하면 ____ 이 됩니다.
●●●●●●●●●

21. **5**와 **4**를 합하면 ____ 이 됩니다.
●●●●●●●●●

 소리내읽기

15 10 이해하기

10은 1과 9의 합입니다.

1   9

→ 1과 9를 합하면 10이 됩니다.

10은 7과 3의 합입니다.

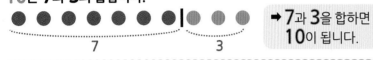

7   3

→ 7과 3을 합하면 10이 됩니다.

 소리내풀기 문제의 아래에 있는 ●를 이용하여 ■에 알맞은 수를 적으세요.

01. 10은 **1**과 ____의 합입니다.
●●●●●●●●●●

02. 10은 **2**와 ____의 합입니다.
●●●●●●●●●●

03. 10은 **3**과 ____의 합입니다.
●●●●●●●●●●

04. 10은 **4**와 ____의 합입니다.
●●●●●●●●●●

05. 10은 **5**와 ____의 합입니다.
●●●●●●●●●●

06. 10은 **6**과 ____의 합입니다.
●●●●●●●●●●

07. 10은 **7**과 ____의 합입니다.
●●●●●●●●●●

08. 10은 **8**과 ____의 합입니다.
●●●●●●●●●●

09. 10은 **9**와 ____의 합입니다.
●●●●●●●●●●

10. 10은 **0**과 ____의 합입니다.
●●●●●●●●●●

11. **8**과 **2**를 합하면 ____이 됩니다.
●●●●●●●●●●

12. **4**와 **6**을 합하면 ____이 됩니다.
●●●●●●●●●●

13. **3**과 **7**을 합하면 ____이 됩니다.
●●●●●●●●●●

14. **5**와 **5**를 합하면 ____이 됩니다.
●●●●●●●●●●

15. **2**와 ____을 합하면 10이 됩니다.
●●●●●●●●●●

16. **6**과 ____를 합하면 10이 됩니다.
●●●●●●●●●●

17. **1**과 ____를 합하면 10이 됩니다.
●●●●●●●●●●

18. **7**과 ____을 합하면 10이 됩니다.
●●●●●●●●●●

19. **9**와 ____을 합하면 10이 됩니다.
●●●●●●●●●●

20. **0**과 ____를 합하면 10이 됩니다.
●●●●●●●●●●

21. ____과 **7**을 합하면 10이 됩니다.
●●●●●●●●●●

확인 (틀린 문제의 수를 적고, 약한 부분을 보충하세요.)

회차	틀린문제수
11 회	문제
12 회	문제
13 회	문제
14 회	문제
15 회	문제

오답노트 (앞에서 틀린 문제나 기억하고 싶은 문제를 적습니다.)

회	번
문제	풀이

회	번
문제	풀이

회	번
문제	풀이

회	번
문제	풀이

회	번
문제	풀이

생각해보기 (배운 내용이 모두 이해 되었나요?)

■ 모두 이해하고 자신있다. → 다음 회로 넘어 갑니다.

■ 1~2문제 틀릴 수는 있겠지만 거의 이해한다.
   → 개념설명을 한번 더 읽고 다음 회로 넘어 갑니다.

■ 잘 모르는 것 같다.
   → 개념설명과 틀린문제를 한번 더 보고 다음 회로 넘어 갑니다.

16 2,3,4 가르기

2는 **1**과 **1**로 가를 수 있습니다.

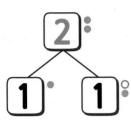

2를 두수로 가르는 방법은 1가지 뿐입니다.

3은 **1**과 **2**로 가를 수 있습니다.

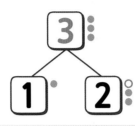

2가지가 있습니다.

4는 **1**과 **3**으로 가를 수 있습니다.

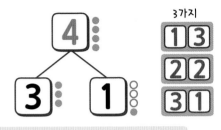

3가지

가르기, 가르다 ➡

서로 나누어 가진다는 우리말입니다. 비슷한 말로 "쪼갠다. 나누어가진다." 는 말이 있습니다.
가를때는 o(영)으로 가르지는 않습니다. o(영)으로 가르는 것은 가르지 않고 혼자 가지고 있는 것입니다.

위에 있는 수를 아래에 두 수로 가르기 해보세요.

01.
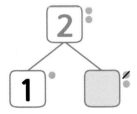

05.
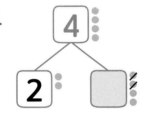

09.
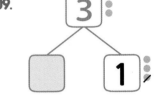

02.
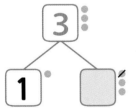

06.
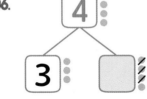

10.
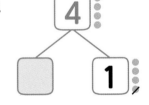

03.
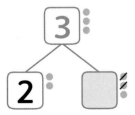

07.
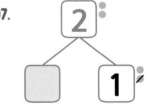

11.
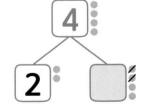

04.
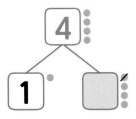

08.
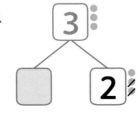

12
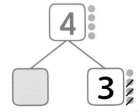

5는 2와 3으로 가를 수 있습니다.

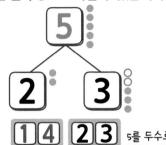

5를 두 수로 가르는 방법은 4가지입니다.

6은 2와 4로 가를 수 있습니다.

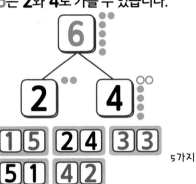

5가지

7은 3과 4로 가를 수 있습니다.

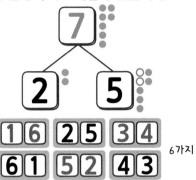

6가지

위에 있는 수를 아래에 두 수로 가르기 해보세요.

01.
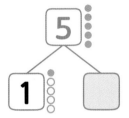

05.
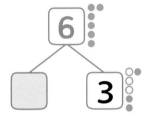

09.
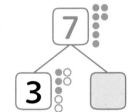

02.
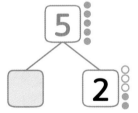

06.
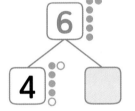

10.
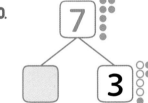

03.
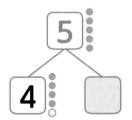

07.
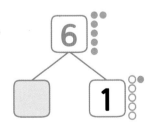

11.
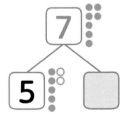

04.
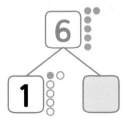

08.
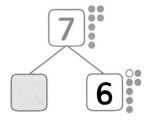

12.
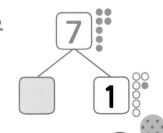

18 8, 9 가르기

12 문제 중

문제 맞힘

8은 2와 6으로 가를 수 있습니다.

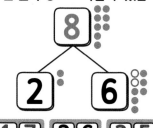

1 7	2 6	3 5	4 4
7 1	6 2	5 3	

8을 두 수로
가르는 방법은
7가지입니다.

9는 2와 7로 가를 수 있습니다.

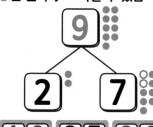

1 8	2 7	3 6	4 5
8 1	7 2	6 3	5 4

9를 두 수로
가르는 방법은
8가지입니다.

위에 있는 수를 아래에 두 수로 가르기 해보세요.

01.
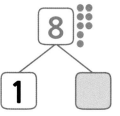

05.
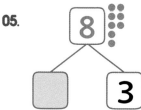

09.
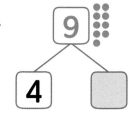

02.
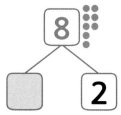

06.
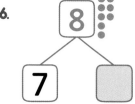

10.
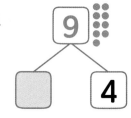

03.
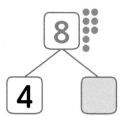

07.
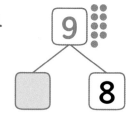

11.
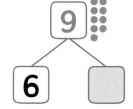

04.
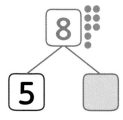

08.
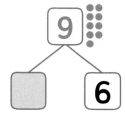

12.
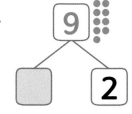

12 문제 중
문제
맞혔기!

10은 2와 8로 가를 수 있습니다.

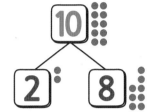

10을 두 수로
가르는 방법은
9가지입니다.

두 수로 가르기는 가르는 수의 1을 뺀 수만큼 가를 수 있습니다.

2는 **1** 가지 (1,1)
3은 **2** 가지 (1,2), (2,1)
4는 **3** 가지 (1,3), (2,2), (3,1)
5는 **4** 가지 (1,4), (2,3), (3,2), (4,1)
6은 **5** 가지 (1,5), (2,4), (3,3), (4,2) (5,1)
7은 **6** 가지 (1,6), (2,5), (3,4), (4,3) (5,2), (6,1)
8은 **7** 가지 (1,7), (2,6), (3,5), (4,4) (5,3), (6,2), (7,1)

9는 **8** 가지
(1,8), (2,7), (3,6), (4,5), (5,4), (6,3), (7,2), (8,1),

10은 **9** 가지
(1,9), (2,8), (3,7), (4,6), (5,5), (6,4), (7,3), (8,2), (9,1)

위에 있는 수를 아래에 두 수로 가르기 해보세요.

01.
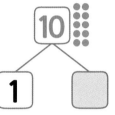

02.
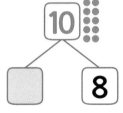

03.
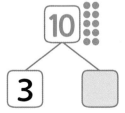

04.
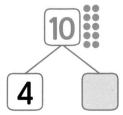

05.
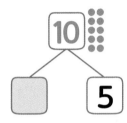

06.
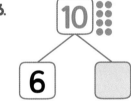

07.
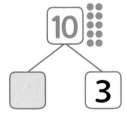

08.
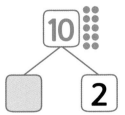

09.
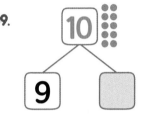

10.
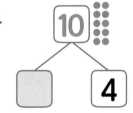

11.
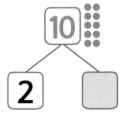

12.
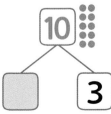

20 가르기 (생각문제)

문제) 오늘 아침에 어머니가 예은이와 나누워 먹으라고 사과 **6**개를 주셨습니다.
예은이에게 **4**개를 주면 나는 몇 개를 먹을 수 있을까요?

풀이) 사과의 수 = **6**개, 예은이의 사과 수 = **4**개
　　　6은 4와 2로 가를 수 있으므로
　　　나는 2개를 먹을 수 있습니다.

답) **2**개

사과의 수 **6**
예은이 사과수 **4**　**2** 나의 사과수

문제) 사과 6개를 예은이와 똑같이 먹으려면 몇 개씩 갈라야 할까요?

풀이) 6을 가르는 방법 중 같은 수로 가르는 방법은 3과 3으로 가르면 됩니다.

답) 3개씩

아래의 문제를 풀어보세요.

01. 지훈이는 사탕 **5**개를 가지고 있습니다. 내가 좋아하는 윤희에게 사탕 **3**개를 주면 몇 개를 가질 수 있을까요?

풀이) 사탕의 수 = ☐개, 윤희에게 준 사탕수 = ☐개

5는 3과 ☐로 가를 수 있으므로,

나에게는 사탕 ☐개가 남습니다.　답) ☐개

02. 공 **7**개를 지민이와 건우가 나누어 가질려고 합니다. 지민이가 **4**개를 가지면, 건우는 몇 개를 가질까요?

풀이) 공의 수 = ☐개, 지민이 가져간 공의 수 = ☐개

7은 4와 ☐로 나눌 수 있으므로,

건우는 공 ☐개를 가질 수 있습니다.　답) ☐개

03. 연필이 **8**개가 있습니다. 민서와 서윤이가 똑같이 가르려면 몇 개씩 가져야 할까요?

풀이) 연필의 수 = ☐개, 8을 **1**부터 **7**까지 갈라 봅니다.

8은 같은 수인 **4**와 ☐로 나눌 수 있으므로,

☐개씩 가지면 됩니다.　답) ☐개

아래의 문제를 옆의 풀이법과 똑같이 풀어보세요.

04. 아버지가 도넛 **3**개를 주셨습니다. 먹으려는데 하은이가 들어와 **1**개를 주었습니다. 남은 도넛은 몇 개 일까요?

(풀이 2점 답 1점)

풀이)

답) ☐개 ← 개수만 적으면 됩니다.
"누가"라고 물으면 사람 이름도 적어야 합니다.

05. 공책이 **4**권 있습니다. 제일 친한 친구인 수빈이와 내가 똑같이 가르려고 합니다. 몇 권씩 가져야 할까요?

(풀이 2점 답 2점)

풀이)

답) ☐권 ← 몇권일까요?로 물었으므로 몇 권으로 답해야 합니다.
"누가"라고 물으면 사람 이름도 적어야 합니다.

확인 (틀린 문제의 수를 적고, 약한 부분을 보충하세요.)

회차	틀린문제수
16 회	문제
17 회	문제
18 회	문제
19 회	문제
20 회	문제

오답노트 (앞에서 틀린 문제나 기억하고 싶은 문제를 적습니다.)

회	번
문제	풀이

회	번
문제	풀이

회	번
문제	풀이

회	번
문제	풀이

회	번
문제	풀이

생각해보기 (배운 내용이 모두 이해되었나요?)

■ 모두 이해하고 자신있다. → 다음 회로 넘어 갑니다.

■ 1~2문제 틀릴 수는 있겠지만 거의 이해한다.
   → 개념부분을 한번 더 읽고 다음 회로 넘어 갑니다.

■ 잘 모르는 것 같다.
   → 개념부분과 틀린문제를 한번 더 보고 다음 회로 넘어 갑니다.

모으기 (21회~25회)
21 2, 3, 4 모으기

 소리내 읽기

1과 **1**을 모으면 **2**가 됩니다.

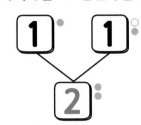

모아서 2가 되는것은 1가지 뿐입니다.

1과 **2**를 모으면 **3**이 됩니다.

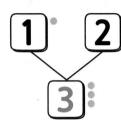

2가지가 있습니다.

1과 **3**을 모으면 **4**가 됩니다.

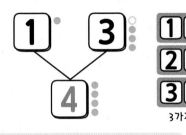

3가지

모으기, 모으다 ➡

서로 떨어져 있는 것을 한데 합친다는 우리말입니다. 비슷한 말로 "합친다. 더하다." 는 말이 있습니다.
합칠 때도 o(영)을 합하지는 않습니다. o(영)과 다른 수를 합하면 다른 수가 됩니다. "o과 4를 합하면 4"

 소리내 풀기 위에 있는 두 수를 모으면 아래의 수가 됩니다. ☐ 에 알맞은 수를 적으세요.

01.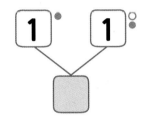

05.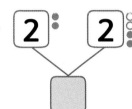

09.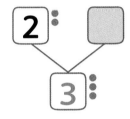

02.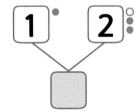

06.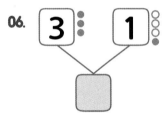

10.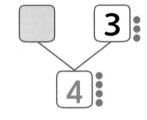

03.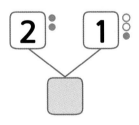

07.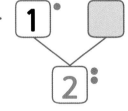

11.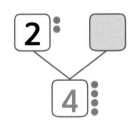

04.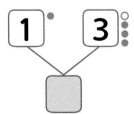

08.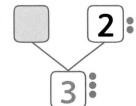

12.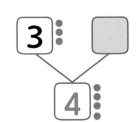

36

2와 3을 모으면 5가 됩니다.

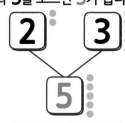

| 1 4 | 2 3 | 모아서 5가
| 4 1 | 3 2 | 되는 두 수는
4가지입니다.

2와 4를 모으면 6입니다.

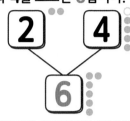

| 1 5 | 2 4 | 3 3 |
| 5 1 | 4 2 | 5가지

3과 4를 모으면 7입니다.

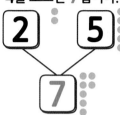

| 1 6 | 2 5 | 3 4 |
| 6 1 | 5 2 | 4 3 | 6가지

위에 있는 두 수를 모으면 아래의 수가 됩니다. ☐ 에 알맞은 수를 적으세요.

01.
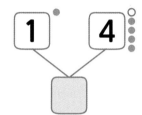

05.
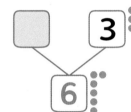

09.
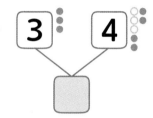

02.
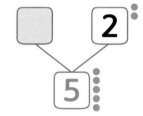

06.
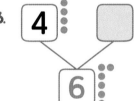

10.
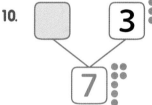

03.
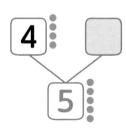

07.
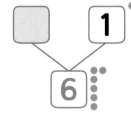

11.
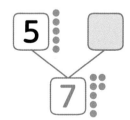

04.
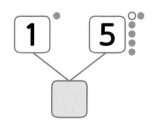

08.
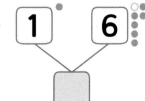

12.
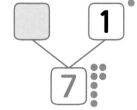

소리내 읽기

2와 6을 모으면 8이 됩니다.

1 7	2 6	3 5	4 4
7 1	6 2	5 3	

모아서 8이 되는 두수는 7가지입니다.

2와 7을 모으면 9가 됩니다.

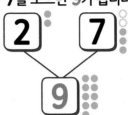

8 1	7 2	6 3	5 4
1 8	2 7	3 6	4 5

모아서 9가 되는 두수는 8가지입니다.

소리내 풀기

위에 있는 두 수를 모으면 아래의 수가 됩니다. ▢에 알맞은 수를 적으세요.

01.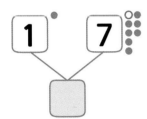

02.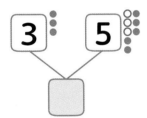

03.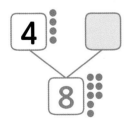

04.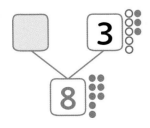

05.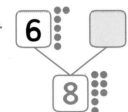

06.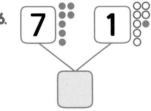

07.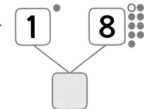

08.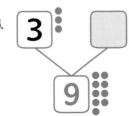

09.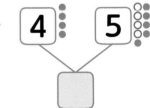

10.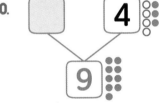

11.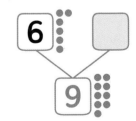

12.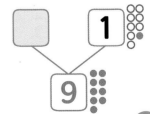

24 10모으기

2와 **8**을 모으면 **10**이 됩니다.

모아서 10이 되는 두수는 9가지입니다.

1 9	2 8	3 7	4 6	5 5

9 1	8 2	7 3	6 4

두 수로 가르고 다시 모으면 **가르기 전의 수**가 됩니다.

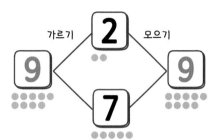

두 수로 가르는 방법과 모아서 되는 수의 가지수는 같습니다..

3을 두수로 가르기 = 2가지
(1,2), (2,1)

두수를 모아서 3이 되기 = 2가지
(1,2), (2,1)

위에 있는 두 수를 모으면 아래의 수가 됩니다. ☐ 에 알맞은 수를 적으세요.

01.
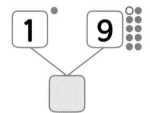

02.
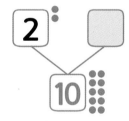

03.
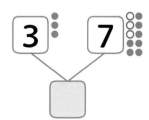

04.
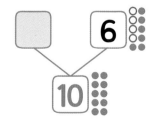

05.
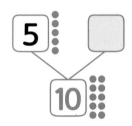

06.
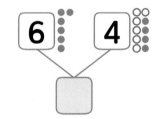

07.
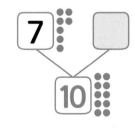

08.
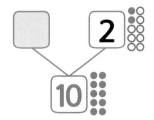

09.
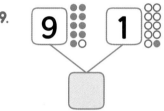

10.
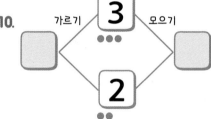

11.

12.

25 모으기 (생각문제)

문제) 상윤이는 사과 **2**개를 가지고 있고, 나는 사과 **4**개를 가지고 있습니다. 상윤이와 내가 가지고 있는 사과를 바구니에 모두 담으면 몇 개가 될까요?

풀이) 상윤이 사과의 수 = **2**개, 나의 사과수 = **4**개
2와 **4**를 모으면 **6**이 됩니다.
그러므로, 바구니에 **6**개를 담을 수 있습니다.

답) **6** 개

상윤의 사과수 **4** 나의 사과수 **2**
사과의 수 **6**

> **문제)** 상윤이와 나는 같은 수의 사과를 가지고 있습니다. 모두 바구니에 담았더니 6개가 되었습니다. 나는 사과 몇개를 가지고 있었을까요?
>
> **풀이)** 두수를 모아서 6이 되는 같은 수는 3과 3입니다.   답) 3개

아래의 문제를 풀어보세요.

01. 성지는 스티커 **2**개를 모았고, 민정이는 스티커 **5**개를 모았습니다. 두 명이 모은 스티커를 모으면 몇 개가 될까요?

풀이) 성지의 스티커 = ☐ 개,   민정이 스티커 = ☐ 개

2와 **5**를 모으면 ☐ 이 되므로, 두명의 스티커를

모으면 ☐ 이 됩니다.   답) ☐ 개

02. 우리집의 동전을 찾기로 했습니다. 동생은 **4**개를 찾았고, 나는 **3**개를 찾았다면, 두 명이 모은 것은 모두 몇 개 일까요?

풀이) 동생의 동전 수 = ☐ 개,   나의 동전 수 = ☐ 개

두 수를 모으면 ☐ 이 되므로,

모두 ☐ 개를 모았습니다.   답) ☐ 개

03. 정훈이와 태현이의 연필을 모았더니 **6**개 였습니다. 똑 같은 수의 연필이 있었다면 태현이는 몇 개를 가지고 있었을까요?

풀이) 연필의 수 = ☐ 개, 두 수가 모여 **6**이 되는 수를

한 개씩 적어보면 **3**과 **3**이 모이면 됩니다. 그러므로,

☐ 개씩 가지고 있었습니다.   답) ☐ 개

아래의 문제를 옆의 풀이법과 똑같이 풀어보세요.

04. 이번 학기에 나는 상장을 **3**개 받았고, 동생은 **1**개를 받았습니다. 동생과 나는 상장을 모두 몇 개 받았을까요?

(풀이 2점
  답 1점)

풀이)

답) ☐ 개 ← 개수만 적으면 됩니다.
"누가"라고 물으면 사람 이름도 적어야 합니다.

05. 구슬이 들어있는 주머니가 **2**개 있습니다. 두 주머니의 구슬을 모두 모았더니 **8**개 되었습니다. 각 주머니에 똑같은 수의 구슬이 있었다면 주머니에는 몇 개씩 있었을까요?

(풀이 2점
  답 2점)

풀이)

답) ☐ 개씩 ← 몇 개씩 이라고 물었으므로 "O개씩" 이라고 답을 적어야 합니다.

확인 (틀린 문제의 수를 적고, 약한 부분을 보충하세요.)

회차	틀린문제수
21 회	문제
22 회	문제
23 회	문제
24 회	문제
25 회	문제

오답노트 (앞에서 틀린 문제나 기억하고 싶은 문제를 적습니다.)

회	번
문제	풀이

회	번
문제	풀이

회	번
문제	풀이

회	번
문제	풀이

회	번
문제	풀이

생각해보기 (배운 내용이 모두 이해 되었나요?)

■ 모두 이해하고 자신있다. → 다음 회로 넘어 갑니다.

■ 1~2문제 틀릴 수는 있겠지만 거의 이해한다.
  → 해설부분을 한번 더 읽고 다음 회로 넘어 갑니다.

■ 잘 모르는 것 같다.
  → 해설부분과 틀린문제를 한번 더 보고 다음 회로 넘어 갑니다.

26 덧셈 (덧셈 기호로 식 만들기)

소리내
읽기

"3 더하기 2는 5입니다."를 간단히

$$3 + 2 = 5$$ 로 적고,

" 삼 더하기 이 는 오 입니다."라고 읽습니다.

더하기는 +로 표시하며, **더하기**라고 읽고,
답을 적기 전에는 =로 표시하고, 답을 적습니다.
=는 **같다**는 의미로 "는"이라고 읽습니다.

위와 같이 기호와 숫자로만 표시한 것을 식이라고 합니다.

$$3 + 2 = 5$$ 를 읽는 방법

1) 삼 더하기 이 는 오
2) 삼 더하기 이 는 오 입니다.
3) 삼 더하기 이 는 오 와 같습니다.
4) 삼 과 이 의 합은 오 입니다.

(합 = "더하기, 더하다"의 한자말)

소리내
풀기

아래의 보기와 같이 두 수의 모으기를 완성시키고, 기호(+,=)를 써서 식으로 만들어 보세요.

보기
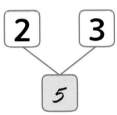
2 3
5

$2 + 3 = 5$

01.
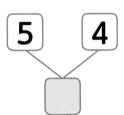
5 4
□

02.
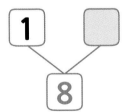
1 □
8

03.
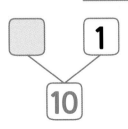
□ 1
10

04.
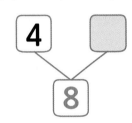
4 □
8

05.
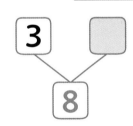
3 □
8

06.
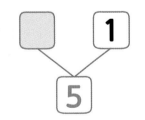
□ 1
5

07.
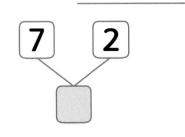
7 2
□

08.
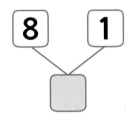
8 1
□

09.
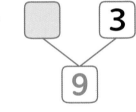
□ 3
9

10.
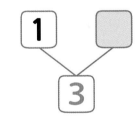
1 □
3

11.
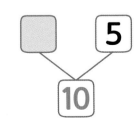
□ 5
10

 아래 덧셈식을 계산하여 ☐ 에 알맞은 수를 적으세요.

01.	$2 + 1 =$ ☐	11.	$3 + 3 =$ ☐	21.	$5 + 4 =$ ☐
02.	$4 + 3 =$ ☐	12.	$5 + 2 =$ ☐	22.	$3 + 6 =$ ☐
03.	$2 + 2 =$ ☐	13.	$2 + 4 =$ ☐	23.	$4 + 2 =$ ☐
04.	$3 + 6 =$ ☐	14.	$6 + 3 =$ ☐	24.	$1 + 3 =$ ☐
05.	$6 + 2 =$ ☐	15.	$4 + 4 =$ ☐	25.	$3 + 3 =$ ☐
06.	$5 + 1 =$ ☐	16.	$1 + 4 =$ ☐	26.	$5 + 4 =$ ☐
07.	$8 + 1 =$ ☐	17.	$5 + 3 =$ ☐	27.	$1 + 1 =$ ☐
08.	$1 + 5 =$ ☐	18.	$3 + 1 =$ ☐	28.	$7 + 2 =$ ☐
09.	$7 + 1 =$ ☐	19.	$2 + 3 =$ ☐	29.	$3 + 5 =$ ☐
10.	$6 + 2 =$ ☐	20.	$1 + 8 =$ ☐	30.	$4 + 5 =$ ☐

※ 수나 글을 이쁘게 적는 연습을 합니다. 네모안에 정성들여 답을 적어보세요^^

28 **0** 더하기

5 더하기 **0**은 **5**입니다.

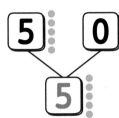

어떤 수에 **0**을 더하면
더하기 전의 어떤 수가 됩니다.
0을 **더하기**는 아무것 없는 것을
더한 것이기 때문입니다.

0 더하기 **5**는 **5**입니다.

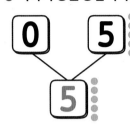

0에 어떤 수를 더하면
더하기를 한 어떤 수가 됩니다.
0에 **더하기**는 아무것도 없는 것에
더한 것이기 때문입니다.

$$5 + 0 = 5$$

$$0 + 5 = 5$$

아래의 보기와 같이 두 수의 모으기를 완성시키고, 기호(+,=)를 써서 식으로 만들어 보세요.

보기

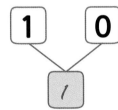

$$1 + 0 = 1$$

01.

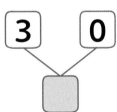

02.

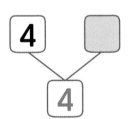

03.

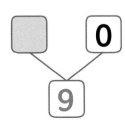

04.

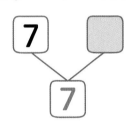

05.

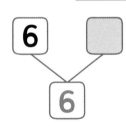

06.

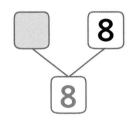

07.

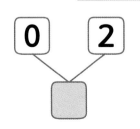

08.

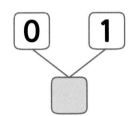

09.

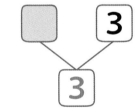

10.

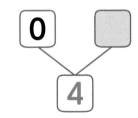

11.

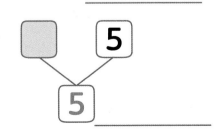

Mon 월 일
분 초

아래 덧셈식을 계산하여 ☐ 에 알맞은 수를 적으세요.

01. 1 + 5 = ☐

02. 3 + 4 = ☐

03. 5 + 0 = ☐

04. 7 + 2 = ☐

05. 8 + 1 = ☐

06. 6 + 3 = ☐

07. 2 + 2 = ☐

08. 4 + 2 = ☐

09. 0 + 8 = ☐

10. 9 + 1 = ☐

11. 5 + 3 = ☐

12. 4 + 5 = ☐

13. 1 + 1 = ☐

14. 7 + 0 = ☐

15. 3 + 5 = ☐

16. 8 + 0 = ☐

17. 4 + 3 = ☐

18. 6 + 1 = ☐

19. 2 + 3 = ☐

20. 0 + 2 = ☐

21. 8 + 2 = ☐

22. 2 + 7 = ☐

23. 9 + 0 = ☐

24. 0 + 3 = ☐

25. 7 + 3 = ☐

26. 6 + 1 = ☐

27. 3 + 2 = ☐

28. 1 + 2 = ☐

29. 4 + 0 = ☐

30. 5 + 4 = ☐

※ 빨리 풀려고 하지말고, 곰곰히 생각해서 정확히 답을 적도록 합니다. 정확히 풀다보면 빨라져요 !!

이어서 나는 ☐ 을(를) 공부/연습할거야!!

30 덧셈 (생각문제)

 문제) 농구공은 **3**개가 있고, 축구공은 **4**개가 있습니다. 전체 공의 수를 나타내는 덧셈식을 쓰고, 공은 모두 몇 개가 있는 지 적으세요.

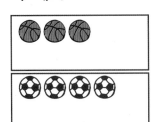

풀이) 농구공의 수 = 3개, 축구공의 수 = 4개
전체 수를 알려면 두 공을 더하면 되므로,
3에서 4를 더하면 7이 됩니다.
식은 3 + 4 = 7 이므로, 공은 모두 7개 입니다.

식) 3 + 4 = 7   답) 7 개

농구공의 수   축구공의 수
3   4
전체
공의 수   7

 아래의 문제를 풀어보세요.

01. 우리 학교 앞마당에 노란꽃 **2**송이와 보라색꽃 **6**송이가 피었습니다. 노란꽃과 보라색꽃은 모두 몇 송이가 피었는지 구하는 식을 쓰고, 답을 적으세요.

풀이) 노란꽃의 수 = ☐ 송이, 보라색꽃의 수 = ☐ 송이

전체 수를 알려면 두 수를 더하면 되므로,

☐ 와 ☐ 을 더하면 ☐ 이 됩니다.

식) _____   답) ☐ 송이

02. 우리 아파트에 나와 같은 반 여자 친구는 **5**명과 남자는 **0**명이 있습니다. 우리 아파트에 사는 나와 같은 반 친구는 모두 몇 명인지 구하는 식을 쓰고, 답을 적으세요.

풀이) 여자 친구의 수 = ☐ 명, 남자 친구의 수 = ☐ 명

전체 수를 알려면 두 수를 더하면 되므로,

☐ 와 ☐ 을 더하면 ☐ 이 됩니다.

식) _____   답) ☐ 명

아래 문제를 옆의 풀이법과 똑같이 풀어보세요.

03. 오늘 시장에 나가 우산통을 샀습니다. 우리 집에 있는 우산을 모두 담았더니 빨간 우산이 **2**개, 파란 우산이 **5**개 였습니다. 우산은 모두 몇 개 들어있을까요? (풀이 2점 답 2점)

풀이)

식) _____   답) ☐ 개

04. 나의 방에서 1층을 내려보니 흰색 차가 **1**대, 노란색 차가 **4**대가 주차되어 있었습니다. 흰색 차와 노란색 차는 모두 몇 대인지 구하는 식을 쓰고, 답을 적으세요. (풀이 2점 답 2점)

풀이)

식) _____   답) ____ 대

확인 (틀린 문제의 수를 적고, 약한 부분을 보충하세요.)

회차	틀린문제수
26 회	문제
27 회	문제
28 회	문제
29 회	문제
30 회	문제

오답노트 (앞에서 틀린 문제나 기억하고 싶은 문제를 적습니다.)

회	번
문제	풀이

회	번
문제	풀이

회	번
문제	풀이

회	번
문제	풀이

회	번
문제	풀이

생각해보기 (배운 내용이 모두 이해 되었나요?)

■ 모두 이해하고 자신있다. → 다음 회로 넘어 갑니다.

■ 1~2문제 틀릴 수는 있겠지만 거의 이해한다.

→ 개념부분을 한번 더 읽고 다음 회로 넘어 갑니다.

■ 잘 모르는 것 같다.

→ 개념부분과 틀린문제를 한번 더 보고 다음 회로 넘어 갑니다.

31 빽셈 (빽셈 기호로 식 만들기)

"5에서 2를 빼면 3입니다."를 간단히

$$5 - 2 = 3$$ 으로 적고,

" 오 빼기 이 는 3 입니다. "라고 읽습니다.

빼기는 **—**로 표시하며, **빼기**라고 읽고,
빼기는 없어지다, 가르다라는 말로
차는 얼마입니까라고도 씁니다.

$$5 - 2 = 3$$ 를 읽는 방법

1) 오 빼기 이 는 삼
2) 오 빼기 이 는 삼 입니다.
3) 오 빼기 이 는 삼과 같습니다.
4) 오 와 이 의 차는 삼 입니다.
(차 = "빼기, 빼다, 차이"의 한자말)

아래의 보기와 같이 두 수의 가르기를 완성시키고, 기호(–, =)를 써서 식으로 만들어 보세요.

보기
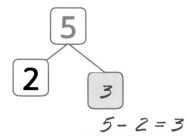

5
2 3
$5 - 2 = 3$

01.
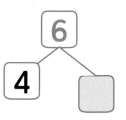
6
4

02.
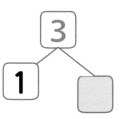
3
1

03.
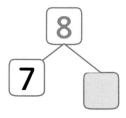
8
7

04.
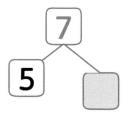
7
5

05.
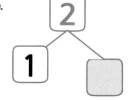
2
1

06.
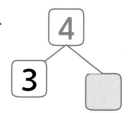
4
3

07.
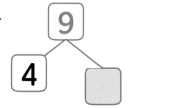
9
4

08.
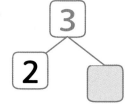
3
2

09.
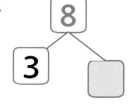
8
3

10.
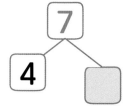
7
4

11.
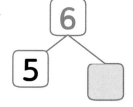
6
5

월 일
Mon
분 초

30 문제 중
문제
맞혔어!

 아래 뺄셈식을 계산하여 ▢에 알맞은 수를 적으세요.

01. 5 − 1 = ▢

02. 5 − 2 = ▢

03. 5 − 3 = ▢

04. 5 − 4 = ▢

05. 6 − 1 = ▢

06. 6 − 2 = ▢

07. 6 − 3 = ▢

08. 6 − 4 = ▢

09. 6 − 5 = ▢

10. 7 − 1 = ▢

11. 7 − 2 = ▢

12. 7 − 3 = ▢

13. 7 − 4 = ▢

14. 7 − 5 = ▢

15. 7 − 6 = ▢

16. 8 − 1 = ▢

17. 8 − 2 = ▢

18. 8 − 3 = ▢

19. 8 − 4 = ▢

20. 8 − 5 = ▢

21. 8 − 6 = ▢

22. 8 − 7 = ▢

23. 9 − 1 = ▢

24. 9 − 2 = ▢

25. 9 − 3 = ▢

26. 9 − 4 = ▢

27. 9 − 5 = ▢

28. 9 − 6 = ▢

29. 9 − 7 = ▢

30. 9 − 8 = ▢

※ 빨리 풀려고 하지 말고, 정확히 푸는 연습을 합니다. 정확히 풀다보면 속도도 빨라집니다.

33 0 빼기

소리내 읽기

5 빼기 5는 0입니다.

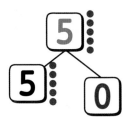

어떤 수와 같은 수를 빼면 0이 됩니다.
어떤 수에 같은 수를 빼면 모든 것을 빼는 것으로 아무것도 남지 않습니다.

$$5 - 5 = 0$$

5 빼기 0은 5입니다.

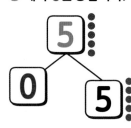

어떤 수에 0을 빼면 빼기 전의 어떤 수가 됩니다.
0을 빼기는 아무것도 빼지 않은것 이므로 처음과 같은 수가 됩니다.

※ 0 - 3 = ?
0에서 어떤수는 빼지 못합니다. 아무 것도 없는 것에서는 가져갈게 없습니다.

$$5 - 0 = 5$$

소리내 풀기

아래의 보기와 같이 두 수의 모으기를 완성시키고, 기호(-, =)를 써서 식으로 만들어 보세요.

보기

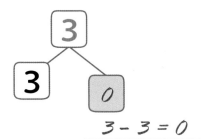

3 - 3 = 0

04.

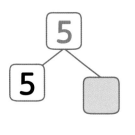

08.

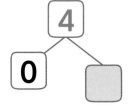

01.

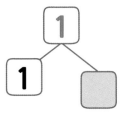

05.

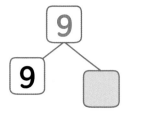

09.

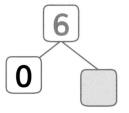

02.

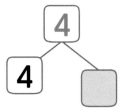

06.

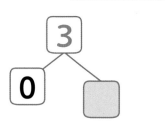

10.

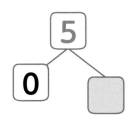

03.

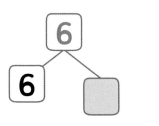

07.

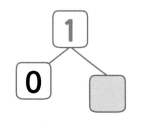

11.

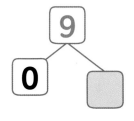

34 뺄셈 (연습2)

Mon	월	일
⏱	분	초

30 문제 중 문제 맞혔어!

소리내 풀기 아래 뺄셈식을 계산하여 ☐에 알맞은 수를 적으세요.

01. $5 - 1 = \boxed{}$

02. $4 - 3 = \boxed{}$

03. $5 - 0 = \boxed{}$

04. $7 - 2 = \boxed{}$

05. $8 - 1 = \boxed{}$

06. $6 - 3 = \boxed{}$

07. $2 - 2 = \boxed{}$

08. $4 - 2 = \boxed{}$

09. $8 - 0 = \boxed{}$

10. $9 - 1 = \boxed{}$

11. $5 - 3 = \boxed{}$

12. $5 - 4 = \boxed{}$

13. $1 - 1 = \boxed{}$

14. $7 - 0 = \boxed{}$

15. $5 - 2 = \boxed{}$

16. $8 - 7 = \boxed{}$

17. $7 - 1 = \boxed{}$

18. $6 - 4 = \boxed{}$

19. $4 - 0 = \boxed{}$

20. $3 - 3 = \boxed{}$

21. $8 - 2 = \boxed{}$

22. $7 - 4 = \boxed{}$

23. $9 - 5 = \boxed{}$

24. $8 - 3 = \boxed{}$

25. $9 - 7 = \boxed{}$

26. $6 - 0 = \boxed{}$

27. $7 - 3 = \boxed{}$

28. $1 - 0 = \boxed{}$

29. $8 - 4 = \boxed{}$

30. $9 - 9 = \boxed{}$

※ 뺄셈이 덧셈보다 어렵나요? 자꾸 풀다보면 똑같이 쉬워집니다.^^ 천천히 풀어보세요^^

이어서 나는 ☐을(를) 공부/연습할거야!!

51

35 뺄셈 (생각문제)

문제) 체육실에 농구공과 축구공은 모두 **7**개 있습니다. 농구공이 **3**개 있으면, 축구공이 몇 개인지 구하는 뺄셈식을 쓰고, 축구공의 개수를 구하세요.

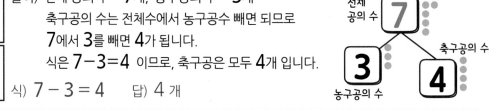

풀이) 전체 공의 수 = 7개, 농구공의 수 = 3개
축구공의 수는 전체수에서 농구공수 빼면 되므로
7에서 3를 빼면 4가 됩니다.
식은 7－3=4 이므로, 축구공은 모두 4개 입니다.

식) 7 － 3 = 4   답) 4 개

아래의 문제를 풀어보세요.

01. 우리 학교 앞마당에 노란꽃과 보라색 꽃만 **8**송이 피었습니다. 노란색 꽃이 **2**송이 였다면, 보라색 꽃은 몇 송이가 피었는지 구하는 식을 쓰고, 답을 적으세요.

풀이) 전체꽃의 수 = ☐ 송이, 노란색 꽃의 수 = ☐ 송이

전체 수에서 노란색 꽃의 수를 빼면 되므로,

☐ 에서 ☐ 을 빼면 ☐ 이 됩니다.

식) _____   답) ☐ 송이

02. 우리 아파트에 나와 같은 반 친구는 **7**명 있습니다. 그 중 여자 친구는 한명도 없다면, 우리 아파트에 사는 나와 같은 반 남자 친구는 모두 몇 명인지 구하는 식을 쓰고, 답을 적으세요.

풀이) 전체 친구의 수 = ☐ 명, 여자 친구의 수 = ☐ 명

전체 수에서 여자 친구의 수를 빼면 되므로,

☐ 에서 ☐ 을 빼면 ☐ 이 됩니다.

식) _____   답) ☐ 명

아래 문제를 옆의 풀이법과 똑같이 풀어보세요.

03. 오늘 시장에 나가 우산통을 사서 집에 있는 모든 우산을 담았더니 **5**개 였습니다. 그 중 빨간 우산이 **1**개 였다면 우리 집에 빨간색 외에 다른 우산은 몇개가 있을까요?

(풀이 2점
답 2점)

풀이)

식) _____   답) ☐ 개

04. 우리 집 앞에는 항상 **4**대가 주차되어 있습니다. 그 중 **2**대가 우리 집 것이라면 남의 차는 몇 대 인지 구하는 식을 쓰고, 답을 적으세요.

(풀이 2점
답 2점)

풀이)

식) _____   답) ☐ 대

확인 (틀린 문제의 수를 적고, 약한 부분을 보충하세요.)

회차	틀린문제수
31 회	문제
32 회	문제
33 회	문제
34 회	문제
35 회	문제

오답노트 (앞에서 틀린 문제나 기억하고 싶은 문제를 적습니다.)

회	번
문제	풀이

회	번
문제	풀이

회	번
문제	풀이

회	번
문제	풀이

회	번
문제	풀이

생각해보기 (배운 내용이 모두 이해 되었나요?)

■ 모두 이해하고 자신있다. → 다음 회로 넘어 갑니다.

■ 1~2문제 틀릴 수는 있겠지만 거의 이해한다.
   → 개념부분을 한번 더 읽고 다음 회로 넘어 갑니다.

■ 잘 모르는 것 같다.
   → 개념부분과 틀린문제를 한번 더 보고 다음 회로 넘어 갑니다.

덧셈식은 뺄셈식으로 바꿀 수 있습니다.

$$3+2=5$$

$$5-2=3$$ $$5-3=2$$

3 + 2 = 5
5 - 2 = 3

3 + 2 = 5
5 - 3 = 2

※ 제일 큰 수에서 **작은 수**를 빼면 **다른 작은 수**가 됩니다.

뺄셈식도 **덧셈식**으로 바꿀 수 있습니다.

$$5-2=3$$

$$3+2=5$$ $$2+3=5$$

5 - 2 = 3
3 + 2 = 5

5 - 1 = 4
1 + 4 = 5

※ **작은 두 수**를 합하면 제일 큰 수가 됩니다.

아래의 식은 덧셈식은 뺄셈식으로, 뺄셈식은 덧셈식으로 바꾼 것입니다. 빈칸을 채워 식을 완성하세요.

01.
$$5 + 3 = 8$$
$$8 - 3 = \boxed{}$$
$$8 - 5 = \boxed{}$$

05.
$$1 + 5 = 6$$
$$6 - 5 = \boxed{}$$
$$6 - \boxed{} = \boxed{}$$

09.
$$7 - 4 = 3$$
$$\boxed{} + 4 = \boxed{}$$
$$\boxed{} + 3 = \boxed{}$$

02.
$$4 + 1 = 5$$
$$\boxed{} - 1 = \boxed{}$$
$$\boxed{} - 4 = \boxed{}$$

06.
$$4 + 4 = 8$$
$$\boxed{} - 4 = \boxed{}$$
$$\boxed{} - \boxed{} = 4$$

10.
$$8 - 3 = 5$$
$$\boxed{} + 3 = \boxed{}$$
$$3 + \boxed{} = \boxed{}$$

03.
$$6 + 2 = 8$$
$$\boxed{} - 2 = \boxed{}$$
$$\boxed{} - 6 = \boxed{}$$

07.
$$3 - 2 = 1$$
$$1 + 2 = \boxed{}$$
$$2 + 1 = \boxed{}$$

11.
$$6 - 5 = 1$$
$$\boxed{} + 5 = \boxed{}$$
$$\boxed{} + 1 = \boxed{}$$

04.
$$8 + 0 = 8$$
$$\boxed{} - 0 = \boxed{}$$
$$8 - \boxed{} = \boxed{}$$

08.
$$5 - 3 = 2$$
$$\boxed{} + 3 = \boxed{}$$
$$\boxed{} + 2 = \boxed{}$$

12.
$$9 - 0 = 9$$
$$\boxed{} + 0 = \boxed{}$$
$$0 + \boxed{} = \boxed{}$$

Mon 월 일
⏱ 분 초

13 문제 중
문제
맞았어!

아래의 보기와 같이 덧셈식은 뺄셈식으로, 뺄셈식은 덧셈식으로 바꿔보세요.

보기 5 + 1 = 6

식1) _6 - 1 = 5_

식2) _6 - 5 = 1_

01. 6 + 4 = 10

식1) _____

식2) _____

02. 3 + 2 = 5

식1) _____

식2) _____

03. 7 + 3 = 10

식1) _____

식2) _____

04. 2 + 5 = 7

식1) _____

식2) _____

05. 1 + 7 = 8

식1) _____

식2) _____

06. 4 + 2 = 6

식1) _____

식2) _____

보기 5 - 1 = 4

식1) _4 + 1 = 5_

식2) _1 + 4 = 5_

07. 6 - 4 = 2

식1) _____

식2) _____

08. 3 - 2 = 1

식1) _____

식2) _____

09. 7 - 5 = 2

식1) _____

식2) _____

10. 2 - 1 = 1

식1) _____

식2) _____

11. 9 - 5 = 4

식1) _____

식2) _____

12. 4 - 3 = 1

식1) _____

식2) _____

13. 8 - 5 = 3

식1) _____

식2) _____

※ 뺄셈식으로 만들때는 ① 제일 큰 수를 먼저 적고 ② **작은 수**를 빼면 **다른 작은 수**가 됩니다.
덧셈식으로 만들때는 **작은 수**를 서로 빼서 ② 제일 큰 수가 나오게 식을 만듭니다.

※ 제일 큰 수를 가르기 한 것입니다.
천천히 식을 생각해 봅니다.

이어서 나는 _____ 을(를) 공부/연습할거야!!

38 값이 같은 식

소리내 읽기

3+1와 **2+2**의 값은 **4**로 같습니다.

$$3 + 1 = 4$$
$$2 + 2 = 4$$
$$1 + 3 = 4$$

식은 달라도
값은 **4**로
모두 같습니다.

※ 가르기와 모으기를
생각해 보세요!!

7−3과 **5−1**의 값은 **4**로 같습니다.

$$7 - 3 = 4$$
$$5 - 1 = 4$$
$$9 - 5 = 4$$

식은 달라도
값은 **4**로
모두 같습니다.

소리내 풀기

아래에 같은 값을 같는 식을 만들어야 합니다. ☐에 알맞은 수나 기호를 적으세요.

01.
$$1 + 4 = 5$$
$$3 + \boxed{} = 5$$
$$2 + \boxed{} = 5$$
$$5 + \boxed{} = 5$$

04.
$$5 + 4 = 9$$
$$\boxed{} + 3 = 9$$
$$\boxed{} + 8 = 9$$
$$7 \boxed{} 2 = 9$$

07.
$$8 - \boxed{} = 2$$
$$\boxed{} - 2 = 2$$
$$\boxed{} - 3 = 2$$
$$6 \boxed{} 4 = 2$$

02.
$$8 - 5 = 3$$
$$7 - \boxed{} = 3$$
$$5 - \boxed{} = 3$$
$$9 - \boxed{} = 3$$

05.
$$6 - 5 = 1$$
$$\boxed{} - 7 = 1$$
$$\boxed{} - 0 = 1$$
$$5 \boxed{} 4 = 1$$

08.
$$2 + 5 = 7$$
$$4 + \boxed{} = 7$$
$$7 + \boxed{} = 7$$
$$3 \boxed{} 4 = 7$$

03.
$$3 + 3 = 6$$
$$4 + \boxed{} = 6$$
$$2 + \boxed{} = 6$$
$$7 - \boxed{} = 6$$
$$5 \boxed{} 1 = 6$$

06.
$$1 + 2 = 3$$
$$\boxed{} + 3 = 3$$
$$\boxed{} + 1 = 3$$
$$\boxed{} - 4 = 3$$
$$5 \boxed{} 2 = 3$$

09.
$$9 - 4 = 5$$
$$6 \boxed{} 1 = 5$$
$$5 - \boxed{} = 5$$
$$3 \boxed{} 2 = 5$$
$$\boxed{} + 5 = 5$$

39 값이 같은 식 (연습)

Mon 월 일

분 초

20 문제 중 문제 맞았니!

소리내 풀기

식의 값이 같은 것끼리 줄을 그어 보세요. (식의 옆이나 밑에 값을 적은 다음, 같은 값끼리 자를 대고 줄을 그어보세요^^)

4 − 3	7 − 2	9 − 8
8 − 6	4 − 0	8 − 6
3 − 0	9 − 6	7 − 4
5 − 1	7 − 5	6 − 2
9 − 4	6 − 5	5 − 0
1 + 5	5 + 5	3 + 3
6 + 1	3 + 6	4 + 3
2 + 6	8 + 0	3 + 5
7 + 2	1 + 6	7 + 3
4 + 6	2 + 4	1 + 8

이어서 나는 ⬚⬚⬚ 을(를) 공부/연습할거야!!

40 뺄셈 (생각문제)

 소리내 읽기

문제) 7을 두 수로 가르기 하여, 큰 수와 작은 수의 차가 3이 되는 경우를 모두 찾으려고 합니다. 풀이 과정을 쓰고, 답을 구하세요.

풀이) 7을 두 수로 가르면, (1,6), (2,5), (3,4), (4,3), (5,2), (6,1)로 가를 수 있습니다. 가른 두 수를 큰 수와 작은 수의 차를 구하면
(1,6) → 6-1=5   (2,5) → 5-2=3   (3,4) → 4-3=1
(4,3) → 4-3=1   (5,2) → 5-2=3   (6,1) → 6-1=5
그러므로, 큰 수와 작은 수의 차가 3이 되는 두 수는 2와 5, 5와 2 입니다.

답) 2와 5, 5와 2

16 차 ⑤   43 차 ①
25 ③   52 ③
34 ①   61 ⑤

 소리내 풀기

아래의 문제를 풀어보세요.

01. 6을 두 수로 가르기하여, 큰 수와 작은 수의 차가 2가 되는 모든 경우를 찾아 보세요.

풀이) ☐ 을 두 수로 가르면,

☐ 과 ☐ , ☐ 와 ☐ , ☐ 과 ☐

☐ 와 ☐ , ☐ 와 ☐ 로 가릅니다.

가르기를 한 두 수를 큰 수에서 작은 수를 빼면,

1 과 5 의 차는 5 - 1 = 4,

☐ 와 ☐ 의 차는 ☐ ,

☐ 과 ☐ 의 차는 ☐ ,

☐ 와 ☐ 의 차는 ☐ ,

☐ 과 ☐ 의 차는 ☐ 입니다.

그러므로, 큰 수와 작은 수의 차가 2가 되는 두 수는

☐ 와 ☐ , ☐ 와 ☐ 입니다.

답) _____

02. 사과 5개를 사서 몇 개를 먹었더니 2개가 남았습니다. 먹은 개수를 ☐ 라 할때, 식을 만들고 답을 적으세요.

풀이) 처음 사과수 = 5 개

먹은 사과수 = ☐ 개

남은 사과수 = 2 개 이므로

식은 5 - ☐ = 2 입니다.

식의 ☐ 에 들어갈 알맞은 수는 ☐ 이므로,

먹은 개수는 ☐ 개 입니다.

답) ____ 개

03. 우리 집에는 우산이 4개 있습니다. 오늘 손님이 와서 몇 개를 주었더니 지금은 1개 있습니다. 손님에게 준 우산을 ☐ 라 할 때, ☐ 를 구하는 식을 만들고, 답을 적으세요. (식 4점 답 4점)

풀이)

식) _____   답) ____ 개

확인 (틀린 문제의 수를 적고, 약한 부분을 보충하세요.)

회차	틀린문제수
36 회	문제
37 회	문제
38 회	문제
39 회	문제
40 회	문제

오답노트 (앞에서 틀린 문제나 기억하고 싶은 문제를 적습니다.)

회	번
문제	풀이

회	번
문제	풀이

회	번
문제	풀이

회	번
문제	풀이

회	번
문제	풀이

생각해보기 (배운 내용이 모두 이해 되었나요?)

■ 모두 이해하고 자신있다. → 다음 회로 넘어 갑니다.

■ 1~2문제 틀릴 수는 있겠지만 거의 이해한다.
→ 개념부분을 한번 더 읽고 다음 회로 넘어 갑니다.

■ 잘 모르는 것 같다.
→ 개념부분과 틀린문제를 한번 더 보고 다음 회로 넘어 갑니다.

41 수 3개의 계산 (1)

4+1+3의 계산

사과 4개에서 사과 1개를 더하면 사과 5개가 되고,
5개에서 3개를 더 더하면 사과는 8개가 됩니다.
이 것을 식으로 4+1+3=8이라고 씁니다.

4+1+3의 계산은 처음 두개 4+1을 먼저 계산하고, 그 값에
뒤에 있는 +3를 계산하면 됩니다.

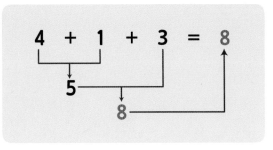

※ 여러 개의 식이 붙어 있으면, 처음부터 한개 한개 계산합니다.

위의 내용을 생각해서 아래 문제를 풀어 값을 구하세요.

01. 4 + 2 + 1 =
6
7

05. 1 + 3 + 1 =

09. 2 + 5 + 1 =

02. 2 + 3 + 1 =

06. 6 + 2 + 1 =

10. 1 + 2 + 6 =

03. 3 + 4 + 2 =

07. 4 + 4 + 1 =

11. 4 + 5 + 0 =

04. 5 + 0 + 3 =

08. 3 + 3 + 3 =

12. 3 + 2 + 1 =

42 수 3개의 계산 (2)

4 + 1 − 3의 계산

사과 4개에서 사과 1개를 더하면 사과 5개가 되고,

5개에서 3개를 먹으면 사과는 2개가 됩니다.

이 것을 식으로 <u>4+1−3=2</u> 이라고 씁니다.

<u>4+1−3</u>의 계산은 처음 두개 4+1을 먼저 계산하고, 그 값에

뒤에 있는 −3를 계산하면 됩니다.

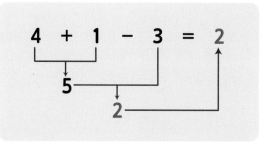

※ 여러 개의 식이 붙어 있으면, 처음부터 한개 한개 계산합니다.

위의 내용을 생각해서 아래의 ☐ 에 알맞은 수를 적으세요.

01. $2 + 2 − 1 = \boxed{}$

4

3

02. $4 + 3 − 5 = \boxed{}$

03. $5 + 4 − 2 = \boxed{}$

04. $3 + 0 − 3 = \boxed{}$

05. $2 + 3 − 3 = \boxed{}$

06. $5 + 2 − 4 = \boxed{}$

07. $4 + 1 − 2 = \boxed{}$

08. $8 + 1 − 0 = \boxed{}$

09. $5 + 2 − 6 = \boxed{}$

10. $3 + 4 − 5 = \boxed{}$

11. $1 + 6 − 3 = \boxed{}$

12. $4 + 6 − 4 = \boxed{}$

4 − 1 + 3의 계산

사과 4개에서 사과 1개를 먹으면 사과 3개가 되고,
3개에서 3개를 더 가져오면 사과는 6개가 됩니다.
이 것을 식으로 4− 1+3=6이라고 씁니다.

4− 1+3의 계산은 처음 두개 4− 1을 먼저 계산하고, 그 값에
뒤에 있는 +3을 계산하면 됩니다.

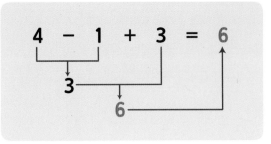

※ 여러 개의 식이 붙어 있으면, 처음부터 한개 한개 계산합니다.

위의 내용을 생각해서 아래의 ☐ 에 알맞은 수를 적으세요.

01. $4 - 2 + 1 = \boxed{}$　　2　3

05. $8 - 3 + 1 = \boxed{}$

09. $8 - 2 + 2 = \boxed{}$

02. $5 - 3 + 1 = \boxed{}$

06. $3 - 2 + 4 = \boxed{}$

10. $7 - 3 + 3 = \boxed{}$

03. $7 - 4 + 2 = \boxed{}$

07. $5 - 4 + 6 = \boxed{}$

11. $9 - 5 + 4 = \boxed{}$

04. $6 - 0 + 3 = \boxed{}$

08. $9 - 5 + 3 = \boxed{}$

12. $6 - 4 + 7 = \boxed{}$

44 수 3개의 계산 (4)

4 − 1 − 3의 계산

사과 4개에서 사과 1개를 먹으면 사과 3개가 되고,

3개에서 3개를 더 먹으면 사과는 0개가 됩니다.

이 것을 식으로 4−1−3=0이라고 씁니다.

4−1−3의 계산은 처음 두개 4−1을 먼저 계산하고, 그 값에

뒤에 있는 −3을 계산하면 됩니다.

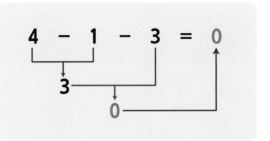

※ 여러 개의 식이 붙어 있으면, 처음부터 한개 한개 계산합니다.

위의 내용을 생각해서 아래의 ☐에 알맞은 수를 적으세요.

01. 4 − 2 − 1 = ☐

　2
　　1

05. 8 − 3 − 4 = ☐

09. 8 − 2 − 5 = ☐

02. 6 − 3 − 1 = ☐

06. 3 − 2 − 1 = ☐

10. 7 − 3 − 3 = ☐

03. 9 − 4 − 2 = ☐

07. 7 − 4 − 2 = ☐

11. 9 − 1 − 4 = ☐

04. 5 − 0 − 3 = ☐

08. 2 − 0 − 0 = ☐

12. 6 − 3 − 2 = ☐

45 수 3개의 계산 (연습)

 소리내 풀기 아래의 ☐ 에 알맞은 수를 적으세요.

01. $3 + 5 + 1 = $ ☐

02. $4 + 2 + 3 = $ ☐

03. $2 + 6 + 0 = $ ☐

04. $5 + 3 - 6 = $ ☐

05. $1 + 4 - 4 = $ ☐

06. $6 + 1 - 5 = $ ☐

07. $9 - 5 + 2 = $ ☐

08. $7 - 6 + 3 = $ ☐

09. $8 - 3 + 4 = $ ☐

10. $6 - 4 + 5 = $ ☐

11. $4 - 2 + 6 = $ ☐

12. $5 - 1 + 4 = $ ☐

13. $5 - 2 - 3 = $ ☐

14. $6 - 3 - 1 = $ ☐

15. $4 - 0 - 4 = $ ☐

16. $9 - 2 - 5 = $ ☐

17. $7 - 1 - 2 = $ ☐

18. $8 - 4 - 3 = $ ☐

※ 앞에서 부터 정확히 계산하도록 합니다. 빨리 푸는 것 보다 정확히 푸는 것이 더 중요합니다.

확인 (틀린 문제의 수를 적고, 약한 부분을 보충하세요.)

회차	틀린문제수
41 회	문제
42 회	문제
43 회	문제
44 회	문제
45 회	문제

생각해보기 (배운 내용이 모두 이해 되었나요?)

■ 모두 이해하고 자신있다. → 다음 회로 넘어 갑니다.

■ 1~2문제 틀릴 수는 있겠지만 거의 이해한다.
→ 개념부분을 한번 더 읽고 다음 회로 넘어 갑니다.

■ 잘 모르는 것 같다.
→ 개념부분과 틀린문제를 한번 더 보고 다음 회로 넘어 갑니다.

오답노트 (앞에서 틀린 문제나 기억하고 싶은 문제를 적습니다.)

회	번
문제	풀이

회	번
문제	풀이

회	번
문제	풀이

회	번
문제	풀이

회	번
문제	풀이

 보기와 같이 계산하고 ▢에 알맞은 수를 적으세요.

01.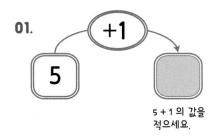
5+1의 값을 적으세요.

02.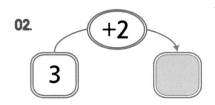

03.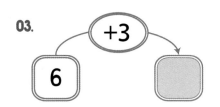

04.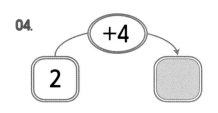

05.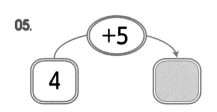

06.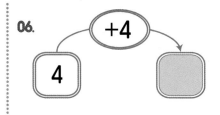

07.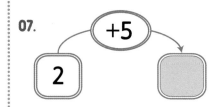

08.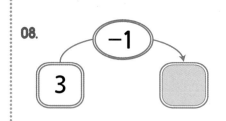

09.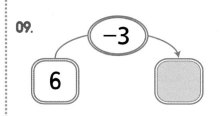

10.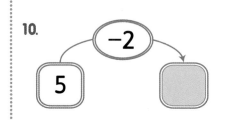

11.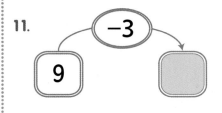

12.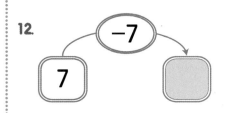

13.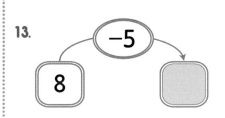

14.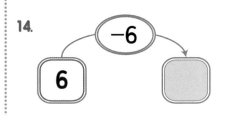

15.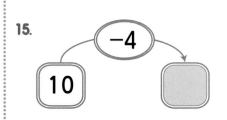

🍎 소리내 풀기 | 식을 밑으로 적어서 계산하고, 값을 적으세요.

01.
$$3 + 4$$
$$=$$
⬜ $+ 2$

3 + 4 의 값을
적으세요.

$$=$$
⬜

□ + 2 의 값을
적으세요.

02.
$$2 + 3$$
$$=$$
⬜ $+ 1$
$$=$$
⬜

03.
$$1 + 6$$
$$=$$
⬜ $- 4$
$$=$$
⬜

04.
$$4 + 2$$
$$=$$
⬜ $- 3$
$$=$$
⬜

05.
$$6 - 3$$
$$=$$
⬜ $+ 2$
$$=$$
⬜

06.
$$5 - 4$$
$$=$$
⬜ $+ 3$
$$=$$
⬜

07.
$$2 + 5$$
$$=$$
⬜ $- 4$
$$=$$
⬜

08.
$$2 + 6$$
$$=$$
⬜ $- 1$
$$=$$
⬜

09.
$$7 - 2$$
$$=$$
⬜ $- 3$
$$=$$
⬜

10.
$$6 - 5$$
$$=$$
⬜ $- 1$
$$=$$
⬜

11.
$$9 - 1$$
$$=$$
⬜ $- 2$
$$=$$
⬜

12.
$$8 - 3$$
$$=$$
⬜ $- 0$
$$=$$
⬜

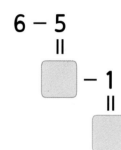

소리내
풀기

식을 밑으로 적어서 계산하고, 값을 적으세요.

01.
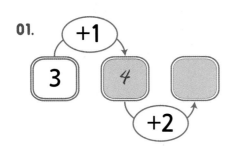

05.
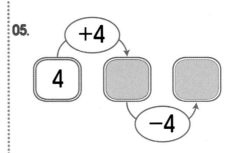

09.
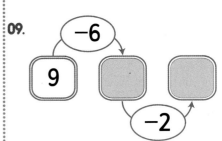

02.
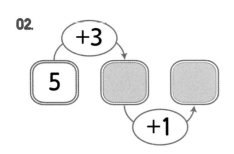

06.
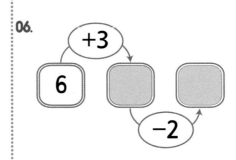

10.
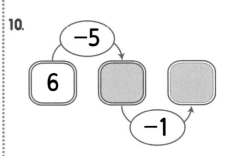

03.
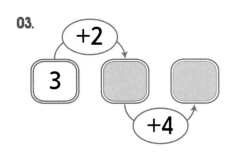

07.
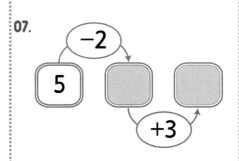

11.
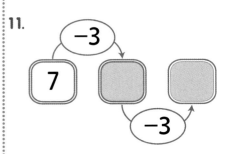

04.
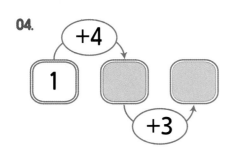

08.
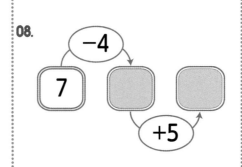

12.
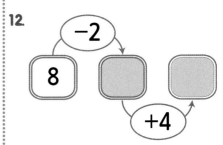

49 10까지의 계산 (연습4)

월 일
분 초
12 문제 중 문제 맞았어!

소리내 풀기 위의 숫자가 아래의 통에 들어가면 나오는 수를 계산해서 빈칸에 적으세요.

01. 3 → +1 → 4 → +2 → ☐

02. 4 → +3 → ☐ → +1 → ☐

03. 2 → +2 → ☐ → +3 → ☐

04. 1 → +4 → ☐ → +4 → ☐

05. 6 → +3 → ☐ → −3 → ☐

06. 7 → +1 → ☐ → −5 → ☐

07. 4 → −2 → ☐ → +4 → ☐

08. 5 → −4 → ☐ → +6 → ☐

09. 9 → −1 → ☐ → −5 → ☐

10. 7 → −1 → ☐ → −4 → ☐

11. 8 → −1 → ☐ → −2 → ☐

12. 10 → −1 → ☐ → −3 → ☐

이어서 나는 ☐ 을(를) 공부/연습할거야!!

50 **10**까지의 **계산** (생각문제)

📅 Mon 월 일
⏰ 분 초

10 문제중
문제
맞았기

문제) 지민이는 사탕을 **9**개 가지고 있습니다. 지훈이에게 **2**개를 주고, 예준이에게 **5**개를 주었습니다. 이제 지민이는 사탕을 몇 개 가지고 있는지 구하는 식을 쓰고 답을 구하세요.

풀이) 처음 사탕 수 =9   지훈이에게 준 사탕 수 = 2   예준이에게 준 수탕 수 = 5
남은 사탕 수 = 처음 사탕 수 – 지훈이에게 준 사탕 수 – 예준이에게 준 사탕수
이므로 식은 9－2－5 이고
따라서 지민이엑 남은 사탕 수는 2개 입니다.

식) 9－2－5   답) 2개

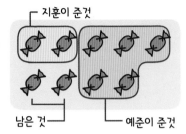
지훈이 준 것
남은 것   예준이 준것

아래의 문제를 풀어보세요.

01. 나는 노란 색연필 **2**개, 파란 색연필 **3**개, 빨간 색연필 **4**개를 가지고 있습니다. 내가 가진 색연필은 모두 몇 개일까요?

풀이) 노란 색연필 ☐ 개, 파란 색연필 ☐ 개,
빨간 색연필 ☐ 개
내가 가진 색연필 = 노란색연필 수 + 파란색연필 수
+ 빨간색연필 수이므로 식은 ☐ 이고
답은 ☐ 개 입니다.

식) ＿＿＿＿＿   답) ☐ 개

02. 어제 냉장고에 사과 **5**개가 있어서 **2**개를 먹었습니다. 오늘 사과 **4**개를 사왔다면 지금은 사과가 몇 개 있을까요?

풀이) 처음 사과 수 ☐ 개, 먹은 사과 수 ☐ 개,
사온 사과 수 ☐ 개
지금 사과 수 = 처음 사과 수 – 먹은 사과 수 + 사온
사과 수이므로 식은 ☐ 이고
답은 ☐ 개 입니다.

식) ＿＿＿＿＿   답) ☐ 개

03. 빵집에 가서 도넛 **1**개, 식빵 **2**개, 크림빵 **3**개를 샀습니다. 모두 몇 개의 빵을 샀는지 식을 만들고 답을 적으세요.

풀이) 빵집에서 산 도넛 ☐ 개, 식빵 ☐ 개,
크림빵 ☐ 개
빵집에서 산 빵 수 = 도넛 수 + 식빵 수 + 크림빵 수
이므로 식은 ☐ 이고 답은 ☐
개 입니다.

식) ＿＿＿＿＿   답) ☐ 개

04. 우리 집에는 색종이가 **6**장 있습니다. 종이학을 만들기 위해 **3**장를 쓰고, 종이비행기를 만드는데 **2**장을 썼습니다. 이제 남은 색종이를 구하는 식을 만들고, 답을 적으세요

풀이)

➡ 몇 장인지 구하는 것이므로 몇 장라고 꼭 답해야 합니다.

식) ＿＿＿＿＿   답) ☐ 장

확인 (틀린 문제의 수를 적고, 약한 부분을 보충하세요.)

회차	틀린문제수
46 회	문제
47 회	문제
48 회	문제
49 회	문제
50 회	문제

오답노트 (앞에서 틀린 문제나 기억하고 싶은 문제를 적습니다.)

회	번
문제	풀이

회	번
문제	풀이

회	번
문제	풀이

회	번
문제	풀이

회	번
문제	풀이

생각해보기 (배운 내용이 모두 이해 되었나요?)

■ 모두 이해하고 자신있다. → 다음 회로 넘어 갑니다.

■ 1~2문제 틀릴 수는 있겠지만 거의 이해한다.

→ 개념부분을 한번 더 읽고 다음 회로 넘어 갑니다.

■ 잘 모르는 것 같다.

→ 개념부분과 틀린문제를 한번 더 보고 다음 회로 넘어 갑니다.

71

소리내 읽기

10부터 20까지의 수

하나(1) 더 큰 수		하나(1) 더 작은 수		하나(1) 더 큰 수		둘(2) 더 큰 수		둘(2) 더 작은 수		
10	**11**	**12**	**13**	**14**	**15**	**16**	**17**	**18**	**19**	**20**
십	십일	십이	십삼	십사	십오	십육	십칠	십팔	십구	이십
열	열하나	열둘	열셋	열넷	열다섯	열여섯	열일곱	열여덟	열아홉	스물

소리내 풀기

위의 20까지의 순서를 보고, 아래의 ☐ 에 알맞은 수를 적으세요.

01. 10보다 1 큰 수는 ☐ 입니다.

02. 14보다 1 큰 수는 ☐ 입니다.

03. 16보다 2 큰 수는 ☐ 입니다.

04. 12보다 3 큰 수는 ☐ 입니다.

05. 13보다 2 큰 수는 ☐ 입니다.

06. 16보다 3 큰 수는 ☐ 입니다.

07. 17보다 3 큰 수는 ☐ 입니다.

08. 15보다 4 큰 수는 ☐ 입니다.

09. 11보다 5 큰 수는 ☐ 입니다.

10. 13보다 1 작은 수는 ☐ 입니다.

11. 12보다 2 작은 수는 ☐ 입니다.

12. 15보다 3 작은 수는 ☐ 입니다.

13. 16보다 1 작은 수는 ☐ 입니다.

14. 17보다 4 작은 수는 ☐ 입니다.

15. 17보다 5 작은 수는 ☐ 입니다.

16. 14보다 3 작은 수는 ☐ 입니다.

17. 16보다 2 작은 수는 ☐ 입니다.

18. 19보다 3 작은 수는 ☐ 입니다.

19. 18보다 4 작은 수는 ☐ 입니다.

52 묶음과 낱개

13은 10개 묶음 1개와 낱개 3개 입니다.

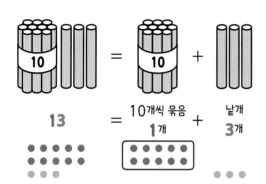

13

= 10개씩 묶음 1개 + 낱개 3개

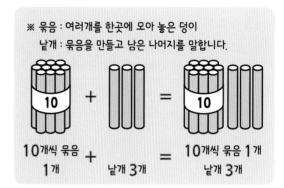

※ 묶음 : 여러개를 한곳에 모아 놓은 덩이
낱개 : 묶음을 만들고 남은 나머지를 말합니다.

10개씩 묶음 1개 + 낱개 3개 = 10개씩 묶음 1개 낱개 3개

아래 문제의 밑에 있는 ● 를 10개씩 묶고, ☐ 에 알맞은 수를 적으세요.

01. 12는 10개씩 ☐ 묶음과 낱개 ☐ 개 입니다.

02. 15는 10개씩 ☐ 묶음과 낱개 ☐ 개 입니다.

03. 11은 10개씩 ☐ 묶음과 낱개 ☐ 개 입니다.

04. 17은 10개씩 묶음 ☐ 개와 낱개 ☐ 개 입니다.

05. 19는 10개씩 묶음 ☐ 개와 낱개 ☐ 개 입니다.

06. 10은 10개씩 묶음 ☐ 개와 낱개 ☐ 개 입니다.

07. 10개씩 1 묶음과 낱개 8은 ☐ 입니다.

08. 10개씩 1 묶음과 낱개 6은 ☐ 입니다.

09. 10개씩 1 묶음과 낱개 4은 ☐ 입니다.

10. 10개씩 묶음 1 개와 낱개 5개는 ☐ 입니다.

11. 10개씩 묶음 1 개와 낱개 2개는 ☐ 입니다.

12. 10개씩 묶음 2 개와 낱개 0개는 ☐ 입니다.

53 10과 더하기 / 10을 더하기

10 + 4 = 14 입니다.

10개씩 1묶음에 낱개 4개를 더하면 14가 됩니다.

10 + 4 = 14

10개씩 1묶음

낱개 4개

10개씩 1묶음
낱개 4개

4 + 10 = 14 입니다.

낱개 4개와 10개씩 1묶음을 더하면 14가 됩니다.

4 + 10 = 14

낱개 4개

10개씩 1묶음

10개씩 1묶음
낱개 4개

아래 문제의 ☐에 알맞은 수를 적으세요.

01. 10 + 1 = ☐

02. 10 + 3 = ☐

03. 10 + 4 = ☐

04. 10 + 6 = ☐

05. 10 + 2 = ☐

06. 10 + 7 = ☐

07. 10 + 5 = ☐

08. 3 + 10 = ☐

09. 9 + 10 = ☐

10. 2 + 10 = ☐

11. 6 + 10 = ☐

12. 4 + 10 = ☐

13. 8 + 10 = ☐

14. 0 + 10 = ☐

15. 10 + ☐ = 14

16. 10 + ☐ = 16

17. 10 + ☐ = 15

18. ☐ + 10 = 13

19. ☐ + 10 = 17

20. ☐ + 10 = 12

21. ☐ + 10 = 20

14 − 10 = 4 입니다.

14에서 10개 씩 1묶음을 빼면, 낱개 4개가 남습니다.

$$14 - 10 = 4$$

10개씩 1묶음
낱개 4개

10개씩 1묶음

낱개 4개

14 − 4 = 10 입니다.

14에서 낱개 4개를 빼면 10개 씩 1묶음이 남습니다.

$$14 - 4 = 10$$

10개씩 1묶음
낱개 4개

낱개 4개

10개씩 1묶음

아래 문제의 ☐ 에 알맞은 수를 적으세요.

01. $11 - 10 = \boxed{}$

02. $13 - 10 = \boxed{}$

03. $15 - 10 = \boxed{}$

04. $16 - 10 = \boxed{}$

05. $12 - 10 = \boxed{}$

06. $17 - 10 = \boxed{}$

07. $18 - 10 = \boxed{}$

08. $13 - 3 = \boxed{}$

09. $19 - 9 = \boxed{}$

10. $12 - 2 = \boxed{}$

11. $16 - 6 = \boxed{}$

12. $14 - 4 = \boxed{}$

13. $18 - 8 = \boxed{}$

14. $10 - 0 = \boxed{}$

15. $\boxed{} - 3 = 10$

16. $\boxed{} - 7 = 10$

17. $\boxed{} - 2 = 10$

18. $14 - \boxed{} = 4$

19. $16 - \boxed{} = 6$

20. $15 - \boxed{} = 5$

21. $10 - \boxed{} = 0$

소리내 풀기 앞에서 배운 내용을 잘 생각해서, 아래의 ☐ 에 알맞은 수를 적으세요.

01. **11**은 **10**개씩 ☐ 묶음과

낱개 ☐ 개 입니다.

02. **15**는 **10**개씩 ☐ 묶음과

낱개 ☐ 개 입니다.

03. **17**은 **10**개씩 ☐ 묶음과

낱개 ☐ 개 입니다.

04. **10**개씩 묶음 **1**개와 낱개 **2**개는

☐ 입니다.

05. **10**개씩 묶음 **1**개와 낱개 **6**개는

☐ 입니다.

06. **10**개씩 묶음 **1**개와 낱개 **8**개는

☐ 입니다.

07. $10 + 1 = $ ☐

08. $10 + 8 = $ ☐

09. $3 + 10 = $ ☐

10. $6 + 10 = $ ☐

11. $10 + $ ☐ $ = 17$

12. $10 + $ ☐ $ = 12$

13. $10 + $ ☐ $ = 15$

14. ☐ $ + 10 = 14$

15. ☐ $ + 10 = 19$

16. ☐ $ + 10 = 20$

17. $12 - 10 = $ ☐

18. $15 - 10 = $ ☐

19. $14 - 4 = $ ☐

20. $17 - 7 = $ ☐

21. $19 - $ ☐ $ = 9$

22. $13 - $ ☐ $ = 3$

23. $11 - $ ☐ $ = 1$

24. ☐ $ - 8 = 13$

25. ☐ $ - 6 = 13$

26. ☐ $ - 10 = 10$

확인 (틀린 문제의 수를 적고, 약한 부분을 보충하세요.)

회차	틀린문제수
51 회	문제
52 회	문제
53 회	문제
54 회	문제
55 회	문제

생각해보기 (배운 내용이 모두 이해 되었나요?)

■ 모두 이해하고 자신있다. → 다음 회로 넘어 갑니다.

■ 1~2문제 틀릴 수는 있겠지만 거의 이해한다.
  → 개념부분을 한번 더 읽고 다음 회로 넘어 갑니다.

■ 잘 모르는 것 같다.
  → 개념부분과 문제를 한번 더 보고 다음 회로 넘어 갑니다.

오답노트 (앞에서 틀린 문제나 기억하고 싶은 문제를 적습니다.)

회	번
문제	풀이

회	번
문제	풀이

회	번
문제	풀이

회	번
문제	풀이

회	번
문제	풀이

13 + 2, 2 + 13 의 계산

13은 10개씩 묶음 1개와 낱개 3개 입니다.

13에서의 낱개 3과 낱개 2을 더하면 3 + 2 = 5 이고

13에 있는 10개 묶음 1개가 더 있는 것이므로

13 + 2 = 15 입니다.

같은 원리로 2 + 13 = 15 가 됩니다.

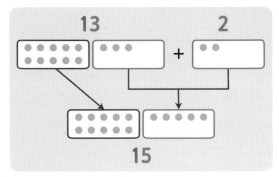

※ 덧셈은 순서가 바뀌어도 값이 같으므로 13+2와 2+13의 값은 같습니다.

위의 내용을 생각해서 아래 문제를 계산하여 값을 적으세요.

01. 11 + 2 =

02. 13 + 1 =

03. 15 + 3 =

04. 14 + 4 =

05. 17 + 2 =

06. 16 + 1 =

07. 12 + 8 =

08. 2 + 12 =

09. 5 + 14 =

10. 7 + 11 =

11. 0 + 17 =

12. 4 + 13 =

13. 3 + 15 =

14. 6 + 14 =

15. 13 + 4 =

16. 16 + 0 =

17. 14 + 3 =

18. 1 + 16 =

19. 5 + 12 =

20. 2 + 17 =

21. 7 + 13 =

※ 19 보다 1 큰 수는 20 (이십, 스물) 입니다. 20은 10개 묶음 2개 입니다.

57 밑으로 덧셈 (1)

13 + 2 의 밑으로 계산

① 13 + 2를 아래와 같이 적습니다.

```
    1  3
 +     2
 ───────
```

② 낱개 3과 2를 더해서 낱개 위치에 적습니다.

```
    1  3
 +     2
 ───────
       5
```

③ 10개 묶음의 수 1을 그대로 밑에 씁니다.

```
    1  3
 +     2
 ───────
    1  5
```

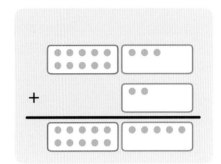

 식을 밑으로 적어서 계산하고, 값을 적으세요.

01. 11 + 3 = ☐

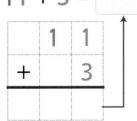

```
    1  1
 +     3
 ───────
```

02. 12 + 4 = ☐

```
    1  2
 +     4
 ───────
```

03. 13 + 1 = ☐

```
    1  3
 +     1
 ───────
```

04. 16 + 2 = ☐

```
 +
 ───────
```

05. 15 + 3 = ☐

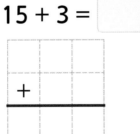

```
 +
 ───────
```

06. 14 + 5 = ☐

```
 +
 ───────
```

07. 12 + 6 = ☐

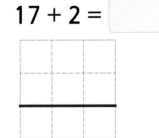

```
 +
 ───────
```

08. 17 + 2 = ☐

```
 +
 ───────
```

09. 16 + 3 = ☐

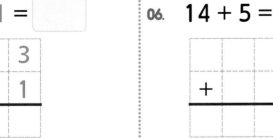
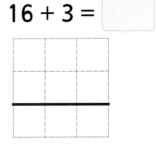

58 밑으로 덧셈 (2)

소리내 읽기 2 + 13 의 밑으로 계산

① 2 + 13을 아래와 같이 적습니다.

```
      2
+  1  3
```

② 2와 낱개 3을 더해서 낱개 위치에 적습니다.

```
      2
+  1  3
      5
```

③ 10개 묶음의 수 1을 그대로 밑에 씁니다.

```
      2
+  1  3
   1  5
```

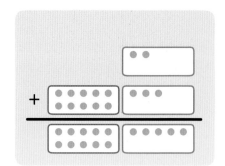

소리내 풀기 식을 밑으로 적어서 계산하고, 값을 적으세요.

01. 12 + 2 =
```
   1  2
+     2
```

02. 15 + 3 =
```
   1  5
+     3
```

03. 13 + 4 =
```
   1  3
+     4
```

04. 11 + 2 =
```
+
```

05. 18 + 1 =
```
+
```

06. 14 + 4 =
```
+
```

07. 17 + 2 =
```

```

08. 16 + 3 =
```

```

09. 15 + 5 =
```

```

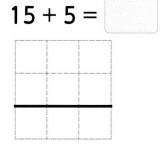

13 - 2 의 계산

13은 10개씩 묶음 1개와 낱개 3개 입니다.

13에서의 낱개 3과 낱개 2을 빼면 $3 - 2 = 1$ 이고

13에 있는 10개 묶음 1개가 더 있는 것이므로

$13 - 2 = 11$ 입니다.

작은 수에서 큰 수를 뺄 수 없으므로, $2 - 13$은 계산 할 수 없습니다 ^^;;

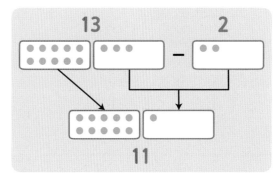

※ 덧셈은 순서가 바뀌어도 값이 같지만, 뺄셈은 순서를 바꾸면 안됩니다.

위의 내용을 생각해서 아래 문제를 계산하여 값을 적으세요.

01. $14 - 3 = $ ☐

02. $13 - 1 = $ ☐

03. $15 - 3 = $ ☐

04. $14 - 4 = $ ☐

05. $17 - 2 = $ ☐

06. $16 - 1 = $ ☐

07. $18 - 5 = $ ☐

08. $12 - 2 = $ ☐

09. $15 - 4 = $ ☐

10. $17 - 1 = $ ☐

11. $16 - 5 = $ ☐

12. $14 - 0 = $ ☐

13. $15 - 3 = $ ☐

14. $14 - 2 = $ ☐

15. $17 - 4 = $ ☐

16. $16 - 2 = $ ☐

17. $19 - 3 = $ ☐

18. $15 - 1 = $ ☐

19. $12 - 0 = $ ☐

20. $18 - 7 = $ ☐

21. $17 - 3 = $ ☐

※ 덧셈보다 뺄셈이 조금 더 어려움으로 조금 더 연습합니다.

 소리내 읽기

13 - 2 의 밑으로 계산

① 13 - 2를 아래와 같이 적습니다.

```
  1 3
-   2
```

② 낱개 3과 2를 빼서 낱개 위치에 적습니다.

```
  1 3
-   2
    1
```

③ 10개 묶음의 수 1을 그대로 밑에 씁니다.

```
  1 3
-   2
  1 1
```

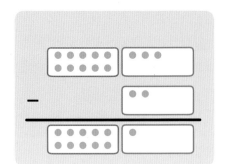

 소리내 풀기

식을 밑으로 적어서 계산하고, 값을 적으세요.

01. 14 - 2 = ☐

```
  1 4
-   2
```

04. 17 - 5 = ☐

```
-
```

07. 16 - 1 = ☐

```
```

02. 15 - 3 = ☐

```
  1 5
-   3
```

05. 19 - 7 = ☐

```
-
```

08. 18 - 6 = ☐

```
```

03. 17 - 4 = ☐

```
  1 7
-   4
```

06. 12 - 2 = ☐

```
-
```

09. 15 - 4 = ☐

```
```

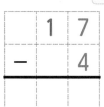
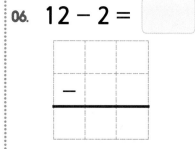
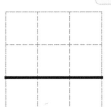

확인 (틀린 문제의 수를 적고, 약한 부분을 보충하세요.)

회차	틀린문제수
56 회	문제
57 회	문제
58 회	문제
59 회	문제
60 회	문제

오답노트 (앞에서 틀린 문제나 기억하고 싶은 문제를 적습니다.)

회	번
문제	풀이

회	번
문제	풀이

회	번
문제	풀이

회	번
문제	풀이

회	번
문제	풀이

생각해보기 (배운 내용이 모두 이해 되었나요?)

■ 모두 이해하고 자신있다. → 다음 회로 넘어 갑니다.

■ 1~2문제 틀릴 수는 있겠지만 거의 이해한다.
→ 개념부분을 한번 더 읽고 다음 회로 넘어 갑니다.

■ 잘 모르는 것 같다.
→ 개념부분과 틀린문제 를 한번 더 보고 다음 회로 넘어 갑니다.

61 20까지의 계산 (연습1)

 앞에서 배운 내용을 잘 생각해서, 아래의 ☐ 에 알맞은 수를 적으세요.

01. **12**는 **10**개씩 ☐ 묶음과 낱개 ☐ 개 입니다.

02. **13**은 **10**개씩 ☐ 묶음과 낱개 ☐ 개 입니다.

03. **18**은 **10**개씩 ☐ 묶음과 낱개 ☐ 개 입니다.

04. **10**개씩 묶음 **1**개와 낱개 **1**개는 ☐ 입니다.

05. **10**개씩 묶음 **1**개와 낱개 **9**개는 ☐ 입니다.

06. **10**개씩 묶음 **1**개와 낱개 **7**개는 ☐ 입니다.

07. $14 + 1 = $ ☐

08. $12 + 8 = $ ☐

09. $3 + 15 = $ ☐

10. $6 + 12 = $ ☐

11. $11 + $ ☐ $ = 17$

12. $12 + $ ☐ $ = 12$

13. $14 + $ ☐ $ = 15$

14. ☐ $ + 13 = 14$

15. ☐ $ + 17 = 19$

16. ☐ $ + 16 = 20$

17. $17 - 6 = $ ☐

18. $15 - 4 = $ ☐

19. $14 - 3 = $ ☐

20. $17 - 5 = $ ☐

21. $13 - $ ☐ $ = 12$

22. $15 - $ ☐ $ = 11$

23. $17 - $ ☐ $ = 15$

24. ☐ $ - 4 = 13$

25. ☐ $ - 8 = 11$

26. ☐ $ - 9 = 10$

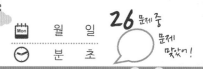

소리내
풀기

앞에서 배운 내용을 잘 생각해서, 아래의 ▢ 에 알맞은 수를 적으세요.

01. 18은 10개씩 ▢ 묶음과

낱개 ▢ 개 입니다.

07. 12 + 3 = ▢

17. 17 − 3 = ▢

08. 11 + 7 = ▢

18. 19 − 6 = ▢

02. 19는 10개씩 ▢ 묶음과

낱개 ▢ 개 입니다.

09. 6 + 12 = ▢

19. 18 − 1 = ▢

10. 4 + 13 = ▢

20. 16 − 4 = ▢

03. 16은 10개씩 ▢ 묶음과

낱개 ▢ 개 입니다.

11. 12 + ▢ = 17

21. 17 − ▢ = 12

12. 13 + ▢ = 19

22. 19 − ▢ = 13

13. 14 + ▢ = 20

23. 16 − ▢ = 11

04. 10개씩 묶음 1개와 낱개 5개는

▢ 입니다.

05. 10개씩 묶음 1개와 낱개 7개는

▢ 입니다.

14. ▢ + 5 = 18

24. ▢ − 4 = 15

15. ▢ + 7 = 19

25. ▢ − 7 = 12

06. 10개씩 묶음 1개와 낱개 3개는

▢ 입니다.

16. ▢ + 3 = 20

26. ▢ − 3 = 12

식을 밑으로 적어서 계산하고, 값을 적으세요.

01. 13 + 2 =

02. 11 + 1 =

03. 15 + 4 =

04. 12 + 5 =

05. 14 + 3 =

06. 16 + 1 =

07. 19 + 0 =

08. 11 + 5 =

09. 17 + 1 =

10. 18 + 2 =

11. 17 − 1 =

12. 15 − 3 =

13. 16 − 2 =

14. 19 − 5 =

15. 14 − 4 =

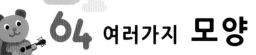

네모기둥 모양

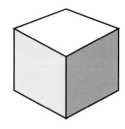

주사위, 라면박스, 장난감
상자 같은 네모 모양의 통입니다.
어느 방향에서 봐도 네모 □□
모양입니다.

원기둥 모양

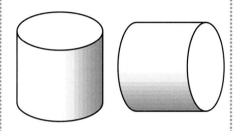

물통, 건전지, 화장실화장지
같은 원 모양의 통입니다.
한쪽에서 보면 동그란 ○ 모양,
다른 쪽은 네모 □□ 모양입니다.

공 모양

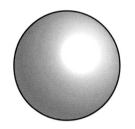

축구공, 야구공, 지구본
같은 원 모양입니다.
어느 방향에서 봐도 원 ○ 모양
입니다.

위의 그림을 보고 물음에 답하세요.

01 네모기둥 모양, 원기둥 모양, 공 모양 중
제일 잘 구를 것 같은 것은 무엇 인가요?
_____

02 네모기둥 모양, 원기둥 모양, 공 모양 중
여러개를 쌓아 놓기 힘든 모양은 어떤 모양일까요?
_____

03. 네모기둥모 양, 원기둥 모양, 공 모양 중
한쪽은 둥글고, 한쪽은 평평한 모양은 어떤 모양일까요?
_____

04. 네모기둥 모양, 원기둥 모양, 공 모양 중
책, 두유팩, 책꽂이, 택배상자 같은 것들은 어떤 모양일까요?
_____

05. 네모기둥 모양, 원기둥 모양, 공 모양 중
평평한 부분이 제일 많은 것은 어떤 모양일까요?

서로 관련된 것끼리 줄 그어보세요. (자를 대고 그으세요)

네모기둥 모양	원기둥 모양	공 모양

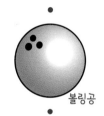
볼링공

굴리기 힘듦	한쪽만 잘 구름	굴리기 쉬움

평평하고 뾰족함	둥글고 평평함	전체가 둥글음

65 길이와 높이

'더 길다'와 '더 짧다'

연필

지우개

> 연필이 더 깁니다.

> 지우개가 더 짧습니다.

길이를 비교할 때는 한쪽 끝을 똑같이 맞추고 더 튀어 나온 것이 더 깁니다.

길이는 강, 줄, 연필, 우산, 건전지 등과 같이 주로 누워 있는 길다란 물건의 크기를 비교할때 많이 쓰입니다.

'더 높다'와 '더 낮다'

전화박스   주택

> 주택이 더 높습니다.

> 전화박스가 더 낮습니다.

높이를 비교할 때는 아래쪽을 똑같이 맞추고 위로 더 많이 올라갈수록 더 높습니다.

산, 건물, 책 등과 같이 세워 놓을 수 있거나, 서있는 물건들을 비교할 때 쓰입니다.

그림을 보고 물음에 답하세요.

01. 아래의 그림 중 **더 긴것**을 적으세요.

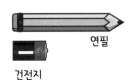

연필

건전지

_____

02. 아래의 그림 중 **더 짧은 것**을 적으세요.

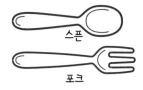

스푼

포크

_____

03. 옆의 그림을 에서
가장 긴 것은

_____ 이고

가장 짧은 것은

_____ 입니다.

스테이플러

클립

삼각자

04. 아래의 그림 중 **더 높은 것**을 적으세요.

컵   커피잔

_____

05. 아래의 그림 중 **더 낮은 것**을 적으세요.

상가   아파트

_____

06. 아래의 그림을 에서 **가장 높은 것**은 _____

이고 **가장 낮은 것**은 _____ 입니다.

휴대폰   텔레비전   노트북

확인 (틀린 문제의 수를 적고, 약한 부분을 보충하세요.)

회차	틀린문제수
61 회	문제
62 회	문제
63 회	문제
64 회	문제
65 회	문제

오답노트 (앞에서 틀린 문제나 기억하고 싶은 문제를 적습니다.)

회	번
문제	풀이

회	번
문제	풀이

회	번
문제	풀이

회	번
문제	풀이

회	번
문제	풀이

생각해보기 (배운 내용이 모두 이해 되었나요?)

■ 모두 이해하고 자신있다. → 다음 회로 넘어 갑니다.

■ 1~2문제 틀릴 수는 있겠지만 거의 이해한다.
→ 개념부분을 한번 더 읽고 다음 회로 넘어 갑니다.

■ 잘 모르는 것 같다.
→ 개념부분과 □□□□를 한번 더 보고 다음회로 넘어 갑니다.

66 더해서 **10**이 넘는 **덧셈** (1)

8 + 5 의 계산

8에 2를 더하면 **10**이 되므로 5를 2와 3으로 가릅니다.

앞의 두 수를 더해 **10**을 만들고 남은 3은 낱개가 됩니다.

$$8 + 5 = 8 + 2 + 3$$
$$= 10 + 3 = 13$$

그러므로 **8 + 5 = 13** 입니다.

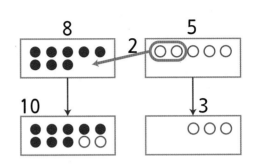

※ 앞의 수를 10이 되도록 뒤의 수를 갈라서 10을 만들어 주고 남는 수는 낱개가 됩니다.

보기와 같이 아래 문제의 ☐에 알맞은 수를 적으세요.

보기 7 + 4 = ③ 11
① 3 1
② 10 +

03. 8 + 6 =
10 +

06. 6 + 5
= 6 + ☐ + ☐
= 10 + 1 = ☐

01. 9 + 3 = ③
① 10 +

04. 6 + 4 =
10 +

07. 7 + 6
= 7 + ☐ + ☐
= 10 + 3 = ☐

02. 6 + 5 = ③
① 10 +

05. 9 + 5 =
10 +

08. 8 + 7
= 8 + ☐ + ☐
= 10 + 5 = ☐

90

67 더해서 **10**이 넘는 **덧셈** (연습1)

12 문제 중

문제 맞혔기!

Mon 월 일
분 초

 뒤의 수를 갈라서 10을 만드는 방법으로 덧셈을 해보세요.

01. 6 + 5 = ☐

10 ＋

02. 8 + 4 = ☐

10 ＋

03. 9 + 3 = ☐

10 ＋

04. 7 + 6 = ☐

10 ＋

05. 9 + 6
= 9 + ☐ + ☐
= 10 + 5 = ☐

06. 7 + 5
= 7 + ☐ + ☐
= 10 + 2 = ☐

07. 8 + 7
= 8 + ☐ + ☐
= 10 + 5 = ☐

08. 6 + 8
= 6 + ☐ + ☐
= 10 + 4 = ☐

09. 8 + 3 = ☐

10. 9 + 5 = ☐

11. 6 + 6 = ☐

12. 7 + 4 = ☐

이어서 나는 ☐ 을(를) 공부/연습할거야!!

91

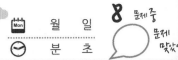

68 더해서 10이 넘는 덧셈 (2)

5 + 8 의 계산

8에 2를 더하면 10이 되므로 5를 3과 2로 가릅니다.

뒤에 두 수를 더해 10을 만들고 남은 3은 낱개가 됩니다.

$$5 + 8 = 3 + 2 + 8$$
$$= 3 + 10 = 13$$

그러므로 **5 + 8 = 13** 입니다.

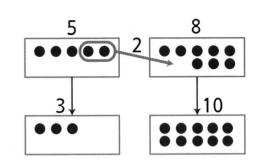

※ 뒤의 수를 10이 되도록 앞의 수를 갈라서 10을 만들고
남는 수가 낱개가 됩니다. (결국 작은 수를 가르는 것입니다)

보기와 같이 아래 문제의 ☐ 에 알맞은 수를 적으세요.

보기
$$4 + 7 = \boxed{11}$$
☐ 1 ☐ 3
+ 10

03.
$$6 + 7 = \boxed{}$$
☐ ☐
+ 10

06.
$$6 + 8$$
$$= 4 + \boxed{} + 8$$
$$= 4 + \boxed{} = \boxed{}$$

01.
$$3 + 8 = \boxed{}$$
☐ ☐
+ 10

04.
$$5 + 6 = \boxed{}$$
☐ ☐
+ 10

07.
$$5 + 7$$
$$= 2 + \boxed{} + 7$$
$$= 2 + \boxed{} = \boxed{}$$

02.
$$4 + 6 = \boxed{}$$
☐ ☐
+ 10

05.
$$3 + 9 = \boxed{}$$
☐ ☐
+ 10

08.
$$8 + 9$$
$$= 7 + \boxed{} + 9$$
$$= 7 + \boxed{} = \boxed{}$$

 소리내 풀기 앞의 수를 갈라서 10을 만드는 방법으로 덧셈을 해보세요.

01. 5 + 6 = ☐

☐ ☐

+ 10

02. 4 + 8 = ☐

☐ ☐

+ 10

03. 6 + 9 = ☐

☐ ☐

+ 10

04. 7 + 7 = ☐

☐ ☐

+ 10

05. 5 + 9

= 4 + ☐ + 9

= 4 + ☐ = ☐

06. 7 + 8

= 5 + ☐ + 8

= 5 + ☐ = ☐

07. 8 + 6

= 4 + ☐ + 6

= 4 + ☐ = ☐

08. 9 + 7

= 6 + ☐ + 7

= 6 + ☐ = ☐

09. 5 + 8 = ☐

10. 9 + 9 = ☐

11. 5 + 7 = ☐

12. 4 + 6 = ☐

소리내 풀기

덧셈을 하는 두가지 방법으로 아래를 풀어 보세요.

내가 편한 방법으로 풀어 보아요.

01. 9 + 6 = ☐

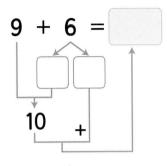

10   +

05. 6 + 7 = ☐

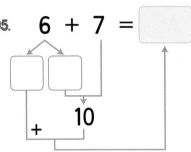

+   10

09. 9 + 6 = ☐

02. 8 + 3 = ☐

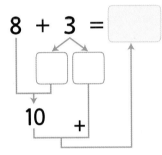

10   +

06. 8 + 9 = ☐

+   10

10. 5 + 7 = ☐

03. 7 + 4
= 7 + ☐ + ☐
= 10 + 1 = ☐

07. 7 + 8
= 5 + ☐ + ☐
= 5 + 10 = ☐

11. 4 + 9 = ☐

04. 6 + 5
= 6 + ☐ + ☐
= 10 + 1 = ☐

08. 5 + 9
= 4 + ☐ + ☐
= 4 + 10 = ☐

12. 8 + 8 = ☐

확인 (틀린 문제의 수를 적고, 약한 부분을 보충하세요.)

회차	틀린문제수
66 회	문제
67 회	문제
68 회	문제
69 회	문제
70 회	문제

오답노트 (앞에서 틀린 문제나 기억하고 싶은 문제를 적습니다.)

회	번
문제	풀이

회	번
문제	풀이

회	번
문제	풀이

회	번
문제	풀이

회	번
문제	풀이

생각해보기 (배운 내용이 모두 이해되었나요?)

■ 모두 이해하고 자신있다. → 다음 회로 넘어 갑니다.

■ 1~2문제 틀릴 수는 있겠지만 거의 이해한다.
　→ 개념부분을 한번 더 읽고 다음 회로 넘어 갑니다.

■ 잘 모르는 것 같다.
　→ 개념부분과 　　　를 한번 더 보고 다음 회로 넘어 갑니다.

71 10이 넘는 수의 뺄셈 (1)

 13 − 8 의 계산 (첫번째 방법)

13은 10과 3으로 가를 수 있습니다.

가른 10에서 8 를 빼고 (2) 가르고 남은 3을 더하면 5가 됩니다.

$$13 - 8 = 10 - 8 + 3$$
$$= 2 + 3 = 5$$

그러므로 **13 − 8 = 5** 입니다.

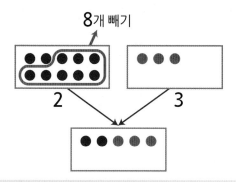

8개 빼기

2   3

※ 10에서 빼고 남은 낱개를 합해서 계산하는 방법입니다.

 보기와 같이 아래 문제의 ☐ 에 알맞은 수를 적으세요.

보기 $12 - 5 = $ ③ $\boxed{7}$

① $\boxed{2}$ 10_

② $\boxed{5}$

+

---

03. $16 - 8 = \boxed{}$

$\boxed{}$ 10_

$\boxed{}$

+

---

06. $11 - 6$
$= 10 - 6 + \boxed{}$
$= 4 + \boxed{} = \boxed{}$

---

01. $13 - 9 = $ ③ $\boxed{}$

① $\boxed{}$ 10_

② $\boxed{}$

+

---

04. $14 - 6 = \boxed{}$

$\boxed{}$ 10_

$\boxed{}$

+

---

07. $15 - 7$
$= 10 - 7 + \boxed{}$
$= 3 + \boxed{} = \boxed{}$

---

02. $11 - 4 = $ ③ $\boxed{}$

① $\boxed{}$ 10_

② $\boxed{}$

+

---

05. $15 - 7 = \boxed{}$

$\boxed{}$ 10_

$\boxed{}$

+

---

08. $13 - 5$
$= 10 - 5 + \boxed{}$
$= 5 + \boxed{} = \boxed{}$

소리내 풀기

앞의 수를 가르는 방법으로 아래 뺄셈의 답을 구하세요.

01. $15 - 6 = \boxed{}$

10

$+$

02. $14 - 8 = \boxed{}$

10

$+$

03. $13 - 5 = \boxed{}$

10

$+$

04. $16 - 7 = \boxed{}$

10

$+$

05. $16 - 9$
$= 10 - 9 + \boxed{}$
$= 1 + \boxed{} = \boxed{}$

06. $15 - 7$
$= 10 - 7 + \boxed{}$
$= 3 + \boxed{} = \boxed{}$

07. $17 - 8$
$= 10 - 8 + \boxed{}$
$= 2 + \boxed{} = \boxed{}$

08. $14 - 6$
$= 10 - 6 + \boxed{}$
$= 4 + \boxed{} = \boxed{}$

09. $13 - 8 = \boxed{}$

10. $15 - 9 = \boxed{}$

11. $16 - 7 = \boxed{}$

12. $14 - 6 = \boxed{}$

73 **10**이 넘는 수의 **뺄셈** (2)

소리내 읽기

13 − 4 의 계산 (두번째 방법)

13의 낱개는 3이고, 4는 3과 1로 가를 수 있습니다.

13에서 낱개 3을 먼저 빼고, 남은 1을 빼면 9가 됩니다.

$$13 - 4 = 13 - 3 - 1$$
$$= 10 - 1 = 9$$

그러므로 **13 − 4 = 9** 입니다.

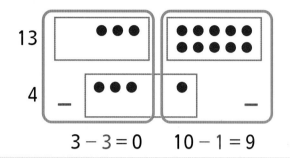

13
4

$3 - 3 = 0$ $10 - 1 = 9$

※ 낱개의 수를 먼저 빼고 남는 수를 10에서 빼는 방법입니다.

소리내 풀기

보기와 같이 아래 문제의 ☐에 알맞은 수를 적으세요.

보기 12 − 5 = ③ 7

① 2 3
② 10

01. 11 − 3 = ③ ☐
① ☐ ☐
② 10

02. 14 − 6 = ③ ☐
① ☐ ☐
② 10

03. 16 − 7 = ☐
☐ ☐
10

04. 15 − 8 = ☐
☐ ☐
10

05. 13 − 6 = ☐
☐ ☐
10

06. 18 − 9
= 18 − 8 − ☐
= 10 − ☐ = ☐

07. 17 − 9
= 17 − 7 − ☐
= 10 − ☐ = ☐

08. 14 − 7 =
= 14 − 4 − ☐
= 10 − ☐ = ☐

월 일
분 초

12 문제 중
문제 맞았어!

 뒤의 수를 가르는 방법으로 아래 뺄셈의 답을 구하세요.

01. 15 − 6 = ☐

☐ ☐

___

10

___

02. 14 − 8 = ☐

☐ ☐

___

10

___

03. 13 − 5 = ☐

☐ ☐

___

10

___

04. 16 − 7 = ☐

☐ ☐

___

10

___

05. 16 − 9
= 16 − 6 − ☐
= 10 − ☐ = ☐

06. 15 − 7
= 15 − 5 − ☐
= 10 − ☐ = ☐

07. 17 − 8
= 17 − 7 − ☐
= 10 − ☐ = ☐

08. 14 − 6
= 14 − 4 − ☐
= 10 − ☐ = ☐

09. 14 − 8 = ☐

10. 16 − 8 = ☐

11. 13 − 7 = ☐

12. 11 − 9 = ☐

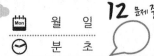
 소리내 풀기

뺄셈을 하는 두가지 방법으로 아래를 풀어 보세요.

01. $13 - 6 =$ ⬜

⬜
10 −
⬜
+

02. $11 - 8 =$ ⬜

⬜
10 −
⬜
+

03. $12 - 5$
$= 10 - 5 +$ ⬜
$= 5 +$ ⬜ $=$ ⬜

04. $14 - 7 =$
$= 10 - 7 +$ ⬜
$= 3 +$ ⬜ $=$ ⬜

05. $18 - 9 =$ ⬜

⬜ ⬜
−
10 −

06. $16 - 8 =$ ⬜

⬜ ⬜
−
10 −

07. $15 - 7$
$= 15 - 5 -$ ⬜
$= 10 -$ ⬜ $=$ ⬜

08. $17 - 9$
$= 17 - 7 -$ ⬜
$= 10 -$ ⬜ $=$ ⬜

내가 편한 방법으로 풀어 보아요.

09. $16 - 9 =$ ⬜

10. $15 - 7 =$ ⬜

11. $14 - 6 =$ ⬜

12. $17 - 8 =$ ⬜

확인 (틀린 문제의 수를 적고, 약한 부분을 보충하세요.)

회차	틀린문제수
71 회	문제
72 회	문제
73 회	문제
74 회	문제
75 회	문제

오답노트 (앞에서 틀린 문제나 기억하고 싶은 문제를 적습니다.)

회	번
문제	풀이

회	번
문제	풀이

회	번
문제	풀이

회	번
문제	풀이

회	번
문제	풀이

생각해보기 (배운 내용이 모두 이해되었나요?)

■ 모두 이해하고 자신있다. → 다음 회로 넘어 갑니다.

■ 1~2문제 틀릴 수는 있겠지만 거의 이해한다.
   → 개념부분을 한번 더 읽고 다음 회로 넘어 갑니다.

■ 잘 모르는 것 같다.
   → 개념부분과   를 한번 더 보고 다음회로 넘어 갑니다.

식을 밑으로 적어서 계산하고, 값을 적으세요.

01. 13 + 4
=
☐ + 2
=
☐

13 + 4 의 값을
적으세요.

☐ + 2 의 값을
적으세요.

02. 12 + 3
=
☐ + 1
=
☐

03. 11 + 1
=
☐ + 4
=
☐

04. 14 + 2
=
☐ + 3
=
☐

05. 17 − 3
=
☐ + 2
=
☐

06. 16 − 4
=
☐ + 3
=
☐

07. 14 + 5
=
☐ − 4
=
☐

08. 13 + 6
=
☐ − 1
=
☐

09. 18 − 2
=
☐ − 3
=
☐

10. 19 − 5
=
☐ − 4
=
☐

11. 16 − 1
=
☐ − 2
=
☐

12. 17 − 3
=
☐ − 0
=
☐

월 일
분 초

12 문제 중
문제
맞았어!

소리내 풀기

위의 숫자가 아래의 통에 들어가면 나오는 수를 계산해서 ▨ 에 적으세요.

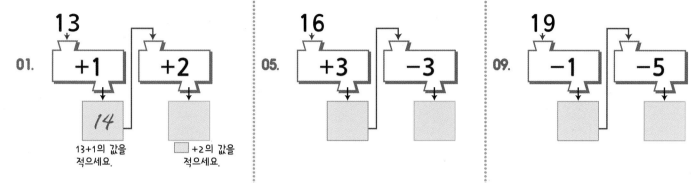

01.

13

+1

+2

14

13+1의 값을
적으세요.

+2의 값을
적으세요.

05.

16

+3

−3

09.

19

−1

−5

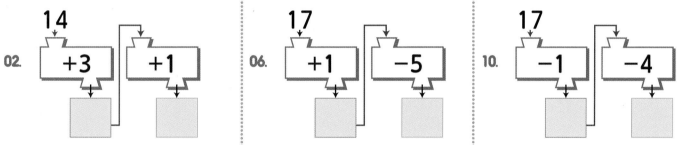

02.

14

+3

+1

06.

17

+1

−5

10.

17

−1

−4

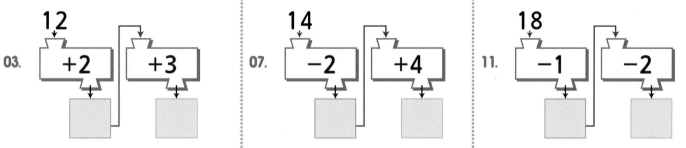

03.

12

+2

+3

07.

14

−2

+4

11.

18

−1

−2

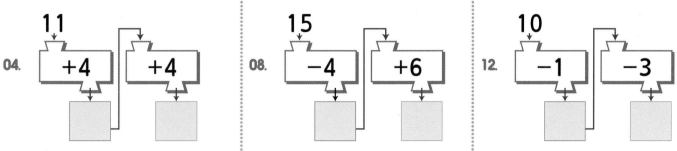

04.

11

+4

+4

08.

15

−4

+6

12.

10

−1

−3

Mon 월 일
분 초

15 문제중
문제 맞았

아래 식을 계산해서 값을 구하세요.

01. 5 + 6
= 5 + 5 + ☐
= 10 + ☐ = ☐

02. 4 + 7
= 4 + 6 + ☐
= 10 + ☐ = ☐

03. 6 + 5
= 6 + 4 + ☐
= 10 + ☐ = ☐

04. 3 + 9
= 3 + 7 + ☐
= 10 + ☐ = ☐

05. 7 + 8
= 7 + 3 + ☐
= 10 + ☐ = ☐

06. 6 + 8 = ☐

07. 7 + 9 = ☐

08. 4 + 9 = ☐

09. 5 + 8 = ☐

10. 8 + 8 = ☐

11. 9 + 7 = ☐

12. 3 + 9 = ☐

13. 6 + 6 = ☐

14. 8 + 5 = ☐

15. 7 + 8 = ☐

 아래 문제의 값을 구하세요.

01. 12 − 6
= 12 − 2 − ☐
= 10 − ☐ = ☐

02. 14 − 9
= 14 − 4 − ☐
= 10 − ☐ = ☐

03. 15 − 7
= 15 − 5 − ☐
= 10 − ☐ = ☐

04. 13 − 5
= 13 − 3 − ☐
= 10 − ☐ = ☐

05. 16 − 8
= 16 − 6 − ☐
= 10 − ☐ = ☐

06. 16 − 8 = ☐

07. 17 − 9 = ☐

08. 14 − 7 = ☐

09. 15 − 6 = ☐

10. 12 − 5 = ☐

11. 11 − 7 = ☐

12. 13 − 9 = ☐

13. 15 − 8 = ☐

14. 12 − 5 = ☐

15. 14 − 6 = ☐

80 20까지의 계산 (생각문제)

문제) 우리 학교 체육실에는 농구공과 축구공만 있습니다. 농구공이 7개, 축구공은 8개라면 체육실에 있는 공의 수는 모두 몇 개 인지 구하는 식을 만들고 답을 적으세요.

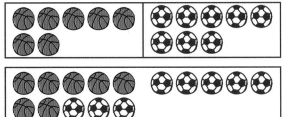

풀이) 농구공의 수 =7   축구공의 수 = 8
전체 공의 수 = 농구공의 수 + 축구공의 수 이므로
식은 7+8 이고 답은 15개 입니다.

식) 7+8   답) 15개

아래의 문제를 풀어보세요.

01. 꽃집에서 장미 6송이, 튜울립 5송이를 샀습니다. 꽃집에서 산 꽃은 모두 몇 송이일까요?

풀이) 꽃집에서 산 장미 [ ] 송이, 튜울립 [ ] 송이

전체 송이 = 장미 수 + 튜울립 수 이므로

식은 [   ] 이고,

답은 [   ] 송이 입니다.

식) _____   답) [   ] 송이

02. 오늘 생일파티에 남자친구 8명과 여자친구 3명이 오기로 했습니다. 생일파티에 오기로 한 친구는 모두 몇 명일까요?

풀이) 오기로 한 남자친구 수 [ ] 명, 여자친구 수 [ ] 명

오기로 한 친구 수 = 남자친구 수 + 여자친구 수 이므로

식은 [   ] 이고

답은 [   ] 명 입니다.

식) _____   답) [   ] 명

03. 빵집에 가서 도넛 12개를 사서 4개를 먹었습니다. 지금 남아있는 빵의 수를 구하는 식을 만들고 답을 적으세요.

풀이) 빵집에서 산 도넛 [ ] 개, 먹은 도넛 수 [ ] 개

남은 빵 수 = 산 도넛 수 − 먹은 도넛 수 이므로

식은 [   ] 이고

답은 [ ] 개 입니다.

식) _____   답) [   ] 개

04. 우리 집에는 색종이가 15장 있습니다. 종이학을 만들기 위해 7장를 썼다면 이제 남은 색종이를 구하는 식을 만들고, 답을 적으세요
(식 4점
답 3점)

풀이)

식) _____   답) [   ] 장

확인 (틀린 문제의 수를 적고, 약한 부분을 보충하세요.)

회차	틀린문제수
76 회	문제
77 회	문제
78 회	문제
79 회	문제
80 회	문제

오답노트 (앞에서 틀린 문제나 기억하고 싶은 문제를 적습니다.)

회	번
문제	풀이

회	번
문제	풀이

회	번
문제	풀이

회	번
문제	풀이

회	번
문제	풀이

생각해보기 (배운 내용이 모두 이해 되었나요?)

■ 모두 이해하고 자신있다. → 다음 회로 넘어 갑니다.

■ 1~2문제 틀릴 수는 있겠지만 거의 이해한다.
  → 개념부분을 한번 더 읽고 다음 회로 넘어 갑니다.

■ 잘 모르는 것 같다.
  → 개념부분과 틀린문제를 한번 더 보고 다음 회로 넘어 갑니다.

50은 10개 묶음 5개인 수 입니다.

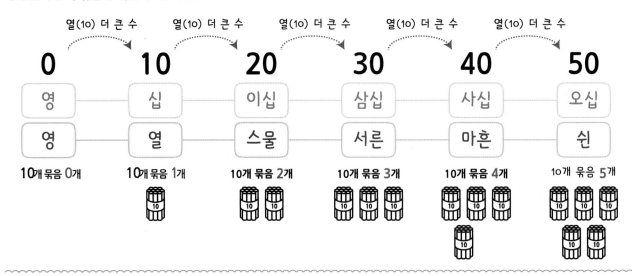

0	10	20	30	40	50
영	십	이십	삼십	사십	오십
영	열	스물	서른	마흔	쉰

열(10) 더 큰 수

10개 묶음 0개 / 10개 묶음 1개 / 10개 묶음 2개 / 10개 묶음 3개 / 10개 묶음 4개 / 10개 묶음 5개

1부터 50까지 정성들여 깨끗히 적고, 아래의 ⬜에 알맞은 수를 적으세요.

일(1) 더 큰 수　　　일(1) 더 작은 수　　　　　위

1	2	3	4	5	6	7	8	9	10
1	2	3							
11	12	13	14	15	16	17	18	19	20
21 이십일	22 이십이	23 이십삼	24 이십사	25 이십오	26 이십육	27 이십칠	28 이십팔	29 이십구	30 삼십
31 삼십일	32 삼십이	33 삼십삼	34 삼십사	35 삼십오	36 삼십육	37 삼십칠	38 삼십팔	39 삼십구	40 사십
41 사십일	42 사십이	43 사십삼	44 사십사	45 사십오	46 사십육	47 사십칠	48 사십팔	49 사십구	50 오십

열(10) 더 큰 수

열(10) 더 작은 수

앞　　　　　　　　　　　　　　　　　　뒤

아래

01. **9, 19, 29, 39, 49**를 찾아 ○표 하고 자리를 익히세요.

02. **23** 보다 **10**이 더 큰 수는 **33**입니다. **26** 보다 **10**이 더 큰 수는 몇 일까요? ⬜

23은 **10**개 묶음 **2**개와 낱개 **3**개 입니다.

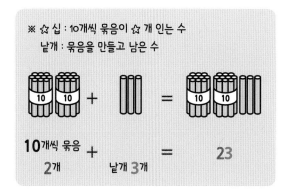

※ ☆ 십 : 10개씩 묶음이 ☆ 개 인는 수
낱개 : 묶음을 만들고 남은 수

☐에 알맞은 수를 적으세요.

01. 12는 **10**개씩 ☐ 묶음과 낱개 ☐ 개 입니다.

02. 19는 **10**개씩 ☐ 묶음과 낱개 ☐ 개 입니다.

03. 25는 **10**개씩 ☐ 묶음과 낱개 ☐ 개 입니다.

04. 27은 **10**개씩 묶음 ☐ 개와 낱개 ☐ 개 입니다.

05. 34는 **10**개씩 묶음 ☐ 개와 낱개 ☐ 개 입니다.

06. 50은 **10**개씩 묶음 ☐ 개와 낱개 ☐ 개 입니다.

07. **10**개씩 **2** 묶음과 낱개 **8**은 ☐ 입니다.

08. **10**개씩 **3** 묶음과 낱개 **1**은 ☐ 입니다.

09. **10**개씩 **4** 묶음과 낱개 **9**는 ☐ 입니다.

10. **10**개씩 묶음 **0**개와 낱개 **7**개는 ☐ 입니다.

11. **10**개씩 묶음 **4**개와 낱개 **6**개는 ☐ 입니다.

12. **10**개씩 묶음 **4**개와 낱개 **0**개는 ☐ 입니다.

소리내 풀기

아래 표는 1부터 50까지를 적은 표입니다. 비어 있는 칸에 들어갈 수를 적고, 아래의 물음에 답하세요.

뒤로 **1**칸
일(1) 더 큰 수

앞으로 **1**칸
일(1) 더 작은 수

위

열(10) 더 큰 수
밑으로 **1**칸

열(10) 더 작은 수
위로 **1**칸

앞

뒤

열(10) 더 작은 수
위로 **1**칸

스물(20) 더 큰 수
밑으로 **2**칸

1	2	3		5	6		8	9	10
11	12		14	15		17	18	19	
	22	23	24		26	27	28		30
31		33	34	35	36		38	39	40
41		43		45	46	47		49	50

아래

이(2) 더 작은 수
앞으로 **2**칸

01. **7, 15, 27, 35, 50**을 찾아 ○표 하고 자리를 익히세요. ("15는 둘째줄 다섯째있습니다. 40은 네째줄 마지막에 있습니다" 라고 읽어 봅니다.)

02. **1**부터 **1**씩 커지는 수를 읽을때, 뒤에 읽은 수가 더 큰 수 입니다. 위의 표에 있는 수 중 가장 큰 수는 몇 일까요? [ ]

03. **15**는 **10**개씩 묶음 **1**개와 낱개 **5**개인 수입니다. **25**는 **10**개씩 묶음 [ ]개와 낱개 [ ]개인 수입니다.

04. **34**는 **10**개씩 묶음 [ ]개와 낱개 [ ]개인 수입니다. **43**은 **10**개씩 묶음 [ ]개와 낱개 [ ]개인 수입니다.

05. **13**은 위에서 **2**번째, 앞에서 **3**번째 수입니다. **37**은 위에서 [ ]번째, 앞에서 [ ]번째인 수입니다.

06. 앞에서 **2**번째 수는 모두 낱개가 **2**인 수이고, 앞에서 **4**번째인 수는 모두 낱개가 [ ]인 수입니다.

84 더 큰 수 / 더 작은 수 (2)

37보다 43이 더 큰 수 입니다.

10개씩 묶음의 수가 큰 수가 더 큽니다.

37은 10개씩묶음이 3개고, 43은 10개씩 묶음이 4개인

수이므로, 10개씩 묶음의 수가 더 큰 43이 더 큰 수입니다.

3 7
10개 묶음 3개
낱개 7개

4 3
10개 묶음 4개
낱개 3개

10개 묶음이 더 큰 수가 무조건 더 큰 수가 됩니다.

34보다 37이 더 큰 수 입니다.

10개씩 묶음의 수가 같으면, 낱개의 수가 더 큰 수가 큽니다.

34와 37과 같이 10개 묶음의 수가 같은 수의 크기는

낱개가 더 많은 수가 더 큽니다.

3 7
10개 묶음 3개
낱개 7개

3 4
10개 묶음 3개
낱개 4개

10개 묶음이 3개로 같으므로 낱개가 더 큰 (4보다 7이 큼) 37이 더 큽니다.

 두 개의 수 중에서 더 큰 수를 ☐에 적으세요.

보기 23 25 → 25

01. 19 11

02. 37 34

03. 44 45

04. 15 17

05. 48 49

06. 32 36

07. 13 22

08. 36 28

09. 21 17

10. 44 39

11. 25 13

12. 38 42

13. 19 8

14. 22 16

15. 17 15

16. 23 21

17. 40 32

18. 21 37

19. 44 49

20. 16 40

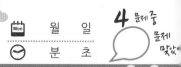

2개씩 묶을 수 있는 수를 짝수라고 합니다.

2, 4, 6, 8, 10과 같이 짝을 지어서 딱 떨어지는 수를 짝수라고 합니다.

10이 넘는 수의 짝수는 낱개가 2, 4, 6, 8, 0로 끝납니다.

4 2개 묶음 2개 낱개 0개

6 2개 묶음 3개 낱개 0개

> 2개씩 짝을 지을 수 있는 수는 짝수입니다.

2개씩 묶어서 혼자(1) 남는 수를 홀수라고 합니다.

1, 3, 5, 7, 9와 같이 짝을 지어서 혼자(1) 남는 수를 홀수라고 합니다.

10이 넘는 수의 홀수는 낱개의 수가 1, 3, 5, 7, 9로 끝납니다.

3 2개 묶음 1개 낱개 1개

5 2개 묶음 2개 낱개 1개

> 짝수가 아닌 수는 홀수 입니다.

1부터 50까지의 수가 적힌 아래의 표를 보고 물음에 답하세요.

1	2	3	4 ~~4~~	5	6	7	8	9	10
11	12	13	14	15	16	17	18	19	20
21	22	23	24	25	26	27	28	29	30
31	32	33	34	35	36	37	38	39	40
41	42	43	44	45	46	47	48	49	50

01. 위의 표에서 **짝수**인 수를 모두 크게 적어보세요. (위에 적힌 *4*와 같이 표에 바로 적으세요)

02. **20**은 **2**개씩 짝을 지을 수 있는 **짝수**입니다. **20**보다 **1** 작은 **19**는 짝수일까요? 홀수일까요?

03. **39**는 **2**개씩 짝을 지으면 1이 남는 **홀수**입니다. **37**보다 **2** 작은 수는 짝수일까요? 홀수일까요?

04. **14**는 **2**개씩 짝을 지을 수 있는 **짝수**입니다. **14**보다 **10**씩 큰 수들은 모두 짝수일까요? 홀수일까요?

확인 (틀린 문제의 수를 적고, 약한 부분을 보충하세요.)

회차	틀린문제수
81 회	문제
82 회	문제
83 회	문제
84 회	문제
85 회	문제

생각해보기 (배운 내용이 모두 이해 되었나요?)

■ 모두 이해하고 자신있다. → 다음 회로 넘어 갑니다.

■ 1~2문제 틀릴 수는 있겠지만 거의 이해한다.
　→ 개념부분을 한번 더 읽고 다음 회로 넘어 갑니다.

■ 잘 모르는 것 같다.
　→ 개념부분과 틀린문제를 한번 더 보고 다음 회로 넘어 갑니다.

오답노트 (앞에서 틀린 문제나 기억하고 싶은 문제를 적습니다.)

회	번
문제	풀이

회	번
문제	풀이

회	번
문제	풀이

회	번
문제	풀이

회	번
문제	풀이

86 몇십+몇 / 몇+몇십

30 + 4 = 34 입니다.

10개씩 3묶음에 낱개 4개를 더하면 34가 됩니다.

$$30 \quad + \quad 4 \quad = \quad 34$$

10개씩 1묶음　　낱개 4개　　10개씩 3묶음 낱개4개

3 + 20 = 23 입니다.

낱개 3개와 10개씩 2묶음을 더하면 23이 됩니다.

$$3 \quad + \quad 20 \quad = \quad 23$$

낱개 3개　　10개씩 2묶음　　10개씩 2묶음 낱개3개

아래 문제의 ☐ 에 알맞은 수를 적으세요.

01. 30 + 1 = ☐

02. 20 + 3 = ☐

03. 40 + 4 = ☐

04. 10 + 6 = ☐

05. 20 + 2 = ☐

06. 30 + 7 = ☐

07. 40 + 5 = ☐

08. 3 + 40 = ☐

09. 9 + 20 = ☐

10. 2 + 30 = ☐

11. 6 + 10 = ☐

12. 4 + 20 = ☐

13. 8 + 40 = ☐

14. 0 + 30 = ☐

15. 40 + ☐ = 44

16. 30 + ☐ = 36

17. 20 + ☐ = 25

18. ☐ + 20 = 23

19. ☐ + 30 = 37

20. ☐ + 40 = 42

21. ☐ + 50 = 50

※ 답을 적을 때 빈칸에 들어도록 정성들여 적는 연습을 해 봅니다.

10 + 20 = 30 입니다.

10은 10개씩 1묶음, 20은 10개씩 2묶음입니다.

$$10 \quad + \quad 20 \quad = \quad 30$$

10개씩 1묶음   10개씩 2묶음   10개씩 3묶음

40 − 10 = 30 입니다.

40은 10개씩 4묶음, 10은 10개씩 1묶음입니다.

$$40 \quad - \quad 10 \quad = \quad 30$$

10개씩 4묶음   10개씩 1묶음   10개씩 3묶음

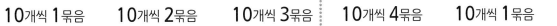

 아래 문제의 ☐ 에 알맞은 수를 적으세요.

01. $20 + 10 = \boxed{}$

02. $10 + 30 = \boxed{}$

03. $20 + 20 = \boxed{}$

04. $30 + 10 = \boxed{}$

05. $30 + 20 = \boxed{}$

06. $10 + 40 = \boxed{}$

07. $50 + 0 = \boxed{}$

08. $30 - 20 = \boxed{}$

09. $20 - 10 = \boxed{}$

10. $40 - 20 = \boxed{}$

11. $50 - 40 = \boxed{}$

12. $50 - 30 = \boxed{}$

13. $40 - 10 = \boxed{}$

14. $30 - 30 = \boxed{}$

15. $\boxed{} - 30 = 10$

16. $\boxed{} - 20 = 20$

17. $\boxed{} - 10 = 30$

18. $50 - \boxed{} = 10$

19. $30 - \boxed{} = 20$

20. $40 - \boxed{} = 10$

21. $20 - \boxed{} = 20$

소리내 풀기

앞에서 배운 내용을 잘 생각해서, 아래의 ☐ 에 알맞은 수를 적으세요.

01. **31**은 **10**개씩 ☐ 묶음과 낱개 ☐ 개 입니다.

02. **24**는 **10**개씩 ☐ 묶음과 낱개 ☐ 개 입니다.

03. **46**은 **10**개씩 ☐ 묶음과 낱개 ☐ 개 입니다.

04. **10**개씩 묶음 **4**개와 낱개 **2**개는 ☐ 입니다.

05. **10**개씩 묶음 **2**개와 낱개 **3**개는 ☐ 입니다.

06. **10**개씩 묶음 **2**개와 낱개 **3**개는 ☐ 입니다.

07. $20 + 3 =$ ☐

08. $30 + 7 =$ ☐

09. $5 + 40 =$ ☐

10. $4 + 10 =$ ☐

11. $20 +$ ☐ $= 27$

12. $40 +$ ☐ $= 42$

13. $30 +$ ☐ $= 35$

14. ☐ $+ 30 = 34$

15. ☐ $+ 20 = 29$

16. ☐ $+ 40 = 40$

17. $30 + 10 =$ ☐

18. $20 + 10 =$ ☐

19. $40 + 10 =$ ☐

20. $20 + 10 =$ ☐

21. $40 -$ ☐ $= 20$

22. $30 -$ ☐ $= 30$

23. $20 -$ ☐ $= 10$

24. ☐ $- 20 = 10$

25. ☐ $- 10 = 20$

26. ☐ $- 20 = 30$

89 몇십몇+몇십 / 몇십몇-몇십

 23 + 10 = 33 입니다.
23은 10개씩 2묶음에 낱개 3인 수이고,
10은 10개씩 1묶음인 수입니다.

$$23 \quad + \quad 10 \quad = \quad 33$$

10개씩 2묶음 낱개 3	10개씩 1묶음	10개씩 3묶음 낱개 3

 **34 - 20 = 14** 입니다.
34는 10개씩 3묶음에 낱개 4인 수이고,
20은 10개씩 2묶음인 수입니다.

$$34 \quad - \quad 20 \quad = \quad 14$$

10개씩 3묶음 낱개 4	10개씩 2묶음	10개씩 1묶음 낱개 4

 아래 문제의 ☐에 알맞은 수를 적으세요.

01. $13 + 10 =$ ☐

02. $26 + 10 =$ ☐

03. $31 + 10 =$ ☐

04. $27 + 20 =$ ☐

05. $15 + 20 =$ ☐

06. $17 + 20 =$ ☐

07. $12 + 30 =$ ☐

08. $10 + 31 =$ ☐

09. $10 + 27 =$ ☐

10. $10 + 15 =$ ☐

11. $20 + 28 =$ ☐

12. $20 + 12 =$ ☐

13. $20 + 23 =$ ☐

14. $30 + 15 =$ ☐

15. $43 - 10 =$ ☐

16. $32 - 10 =$ ☐

17. $21 - 10 =$ ☐

18. $49 - 20 =$ ☐

19. $37 - 20 =$ ☐

20. $25 - 20 =$ ☐

21. $43 - 30 =$ ☐

소리내 풀기 앞에서 배운 내용을 잘 생각해서, 아래의 문제의 값을 적으세요.

01. $10 + 4 =$

02. $20 + 5 =$

03. $30 + 7 =$

04. $40 + 8 =$

05. $40 + 3 =$

06. $7 + 20 =$

07. $3 + 40 =$

08. $2 + 30 =$

09. $4 + 10 =$

10. $1 + 40 =$

11. $20 + 30 =$

12. $30 + 10 =$

13. $30 + 20 =$

14. $10 + 40 =$

15. $13 + 10 =$

16. $32 + 10 =$

17. $21 + 20 =$

18. $20 + 15 =$

19. $10 + 24 =$

20. $10 + 27 =$

21. $50 - 10 =$

22. $40 - 10 =$

23. $40 - 20 =$

24. $40 - 30 =$

25. $30 - 20 =$

26. $45 - 10 =$

27. $32 - 20 =$

28. $37 - 30 =$

29. $27 - 10 =$

30. $26 - 20 =$

확인 (틀린 문제의 수를 적고, 약한 부분을 보충하세요.)

회차	틀린문제수
86 회	문제
87 회	문제
88 회	문제
89 회	문제
90 회	문제

생각해보기 (배운 내용이 모두 이해 되었나요?)

■ 모두 이해하고 자신있다. → 다음 회로 넘어 갑니다.

■ 1~2문제 틀릴 수는 있겠지만 거의 이해한다.
  → 개념부분을 한번 더 읽고 다음 회로 넘어 갑니다.

■ 잘 모르는 것 같다.
  → 개념부분과 틀린문제를 한번 더 보고 다음 회로 넘어 갑니다.

오답노트 (앞에서 틀린 문제나 기억하고 싶은 문제를 적습니다.)

회	번
문제	풀이

회	번
문제	풀이

회	번
문제	풀이

회	번
문제	풀이

회	번
문제	풀이

14 문제중
문제
맞았어

 소리내 읽기

23 + 12 = 35 입니다.

23은 **10**개씩 **2**묶음에 낱개 **3**인 수이고,

12는 **10**개씩 **1**묶음에 낱개 **2** 인 수입니다.

23+12의 계산은 10개씩 묶음은 10개씩 묶음끼리

낱개는 낱개끼리 더하면 되므로,

$$23 + 12 = 35$$

이 됩니다. 그러므로 23+12=35 입니다.

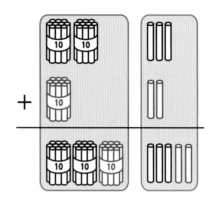

10개씩 **2**묶음 낱개 **3**

+10개씩 **1**묶음 낱개 **2**

10개씩 **3**묶음 낱개 **5**

 소리내 풀기

위에서 배운 내용대로 아래 문제를 풀어보세요.

01. $13 + 23 = $ ☐☐

02. $25 + 12 = $ ☐☐

03. $21 + 10 = $ ☐☐

04. $17 + 01 = $ ☐☐

05. $12 + 03 = $ ☐☐

06. $21 + 05 = $ ☐☐

07. $14 + 10 = $ ☐☐

08. $20 + 12 = $ ☐☐

09. $30 + 17 = $ ☐☐

10. $11 + 15 = $ ☐

11. $17 + 21 = $ ☐

12. $23 + 14 = $ ☐

13. $26 + 13 = $ ☐

14. $32 + 12 = $ ☐

앞에서 배운 내용을 잘 생각해서, 아래 문제를 풀어보세요.

01. $0 1 + 0 5 =$ ☐☐

02. $0 3 + 10 =$ ☐

03. $10 + 0 7 =$ ☐☐

04. $13 + 10 =$ ☐☐

05. $20 + 15 =$ ☐☐

06. $23 + 16 =$ ☐☐

07. $12 + 13 =$ ☐☐

08. $10 + 18 =$

09. $13 + 25 =$ ☐☐

10. $26 + 10 =$ ☐☐

11. $27 + 12 =$ ☐

12. $23 + 15 =$ ☐

13. $24 + 23 =$ ☐☐

14. $31 + 13 =$

15. $30 + 0 8 =$

16. $34 + 10 =$

17. $33 + 10 =$

18. $42 + 0 7 =$

19. $14 + 13 =$

20. $26 + 11 =$

이어서 나는 ☐을(를) 공부/연습할거야!!

93 몇십몇−몇십몇

24 − 13 = 11 입니다.

24는 10개씩 2묶음에 낱개 4인 수이고,

13는 10개씩 1묶음에 낱개 3 인 수입니다.

24−13의 계산은 10개씩 묶음은 10개씩 묶음끼리

낱개는 낱개끼리 빼면 되므로,

$$24 - 13 = 11$$

이 됩니다. 그러므로 24−13=11 입니다.

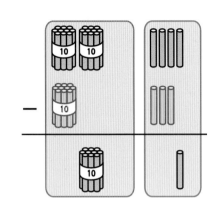

10개씩 2묶음   낱개 4

−10개씩 1묶음   낱개 3

10개씩 1묶음   낱개 1

아래 문제의 빈 칸에 알맞은 수를 적으세요.

01. 34 − 23 =

02. 25 − 12 =

03. 23 − 10 =

04. 36 − 4 =

05. 15 − 03 =

06. 26 − 05 =

07. 17 − 10 =

08. 21 − 20 =

09. 37 − 37 =

10. 46 − 15 =

11. 32 − 21 =

12. 47 − 14 =

13. 45 − 13 =

14. 34 − 12 =

월 일
분 초

20 문제 중
문제 맞혔어!

 소리내 풀기 앞에서 배운 내용을 잘 생각해서, 아래 문제를 풀어 보세요.

01. 5 − 1 =

02. 13 − 10 =

03. 15 − 2 =

04. 23 − 13 =

05. 27 − 15 =

06. 26 − 14 =

07. 13 − 12 =

08. 18 − 10 =

09. 25 − 11 =

10. 26 − 10 =

11. 27 − 12 =

12. 23 − 15 =

13. 24 − 23 =

14. 37 − 13 =

15. 39 − 8 =

16. 47 − 10 =

17. 41 − 21 =

18. 43 − 12 =

19. 15 − 4 =

20. 26 − 23 =

월 일
분 초

소리내 풀기 앞에서 배운 내용을 잘 생각해서, 아래 문제를 풀어보세요.

01. 07 + 02 = ☐☐

02. 13 + 09 = ☐☐

03. 27 + 21 = ☐☐

04. 03 − 01 = ☐☐

05. 13 − 10 = ☐☐

06. 23 − 13 = ☐☐

07. 14 + 13 = ☐

08. 17 + 21 = ☐

09. 25 + 11 = ☐

10. 26 + 22 = ☐

11. 31 + 15 = ☐

12. 33 + 14 = ☐

13. 42 + 5 = ☐

14. 13 − 13 = ☐

15. 25 − 4 = ☐

16. 24 − 22 = ☐

17. 32 − 11 = ☐

18. 37 − 20 = ☐

19. 49 − 23 = ☐

20. 48 − 16 = ☐

확인 (틀린 문제의 수를 적고, 약한 부분을 보충하세요.)

회차	틀린문제수
91 회	문제
92 회	문제
93 회	문제
94 회	문제
95 회	문제

오답노트 (앞에서 틀린 문제나 기억하고 싶은 문제를 적습니다.)

회	번
문제	풀이

회	번
문제	풀이

회	번
문제	풀이

회	번
문제	풀이

회	번
문제	풀이

생각해보기 (배운 내용이 모두 이해 되었나요?)

■ 모두 이해하고 자신있다. → 다음 회로 넘어 갑니다.

■ 1~2문제 틀릴 수는 있겠지만 거의 이해한다.
    → 개념부분을 한번 더 읽고 다음 회로 넘어 갑니다.

■ 잘 모르는 것 같다.
    → 개념부분과 틀린문제를 한번 더 보고 다음 회로 넘어 갑니다.

96 몇십몇의 밑으로 덧셈

23 + 12 의 밑으로 계산

① 23 + 12를 아래와 같이 적습니다.

$$
\begin{array}{r}
2\ 3 \\
+\ 1\ 2 \\
\hline
\end{array}
$$

② 낱개 3과 2를 더해서 낱개 위치에 적습니다.

$$
\begin{array}{r}
2\ 3 \\
+\ 1\ 2 \\
\hline
5
\end{array}
$$

③ 10개 묶음의 수 끼리 더한 값을 밑에 적습니다.

$$
\begin{array}{r}
2\ 3 \\
+\ 1\ 2 \\
\hline
3\ 5
\end{array}
$$

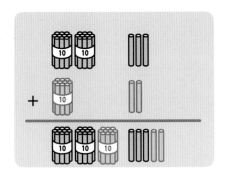

식을 밑으로 적어서 계산하고, 값을 적으세요.

01. 14 + 12 = ☐

$$
\begin{array}{r}
1\ 4 \\
+\ 1\ 2 \\
\hline
\end{array}
$$

02. 27 + 21 = ☐

$$
\begin{array}{r}
2\ 7 \\
+\ 2\ 1 \\
\hline
\end{array}
$$

03. 32 + 13 = ☐

$$
\begin{array}{r}
3\ 2 \\
+\ 1\ 3 \\
\hline
\end{array}
$$

04. 15 + 20 = ☐

$$
\begin{array}{r}
 \\
+ \\
\hline
\end{array}
$$

05. 20 + 17 = ☐

$$
\begin{array}{r}
 \\
+ \\
\hline
\end{array}
$$

06. 23 + 21 = ☐

$$
\begin{array}{r}
 \\
+ \\
\hline
\end{array}
$$

07. 16 + 13 = ☐

08. 24 + 4 = ☐

09. 35 + 12 = ☐

식을 밑으로 적어서 계산하고, 값을 적으세요.

01. 13 + 12 =

02. 5 + 11 =

03. 21 + 24 =

04. 12 + 25 =

05. 10 + 33 =

06. 35 + 3 =

07. 23 + 14 =

08. 14 + 23 =

09. 28 + 20 =

10. 37 + 2 =

11. 20 + 17 =

12. 23 + 23 =

13. 34 + 12 =

14. 12 + 5 =

15. 35 + 14 =

25 − 12 의 밑으로 계산

① 25 −12를 아래와 같이 적습니다.

```
    2 5
−   1 2
```

② 낱개 5와 2를 빼서 낱개 위치에 적습니다.

```
    2 5
−   1 2
      3
```

③ 10개 묶음의 수 끼리 빼서 값을 밑에 적습니다.

```
    2 5
−   1 2
    1 3
```

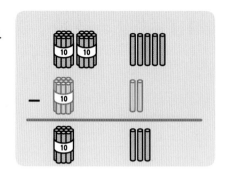

식을 밑으로 적어서 계산하고, 값을 적으세요.

01. 14 − 12 = ☐

```
    1 4
−   1 2
```

02. 37 − 27 = ☐

```
    3 7
−   2 7
```

03. 36 − 13 = ☐

```
    3 6
−   1 3
```

04. 27 − 15 = ☐

05. 32 − 11 = ☐

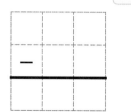

06. 35 − 24 = ☐

07. 26 − 20 = ☐

08. 45 − 13 = ☐

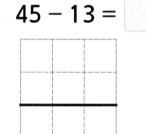

09. 39 − 26 = ☐

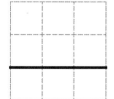

99 몇십몇의 밑으로 뺄셈 (연습)

식을 밑으로 적어서 계산하고, 값을 적으세요.

01. **17 − 12 =**

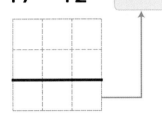

02. **25 − 10 =**

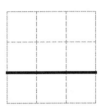

03. **22 − 2 =**

04. **28 − 25 =**

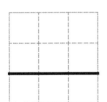

05. **23 − 11 =**

06. **37 − 15 =**

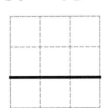

07. **45 − 14 =**

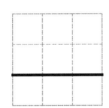

08. **36 − 23 =**

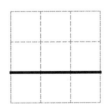

09. **24 − 20 =**

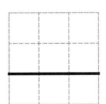

10. **39 − 7 =**

11. **47 − 17 =**

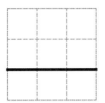

12. **36 − 23 =**

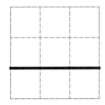

13. **35 − 32 =**

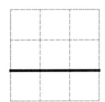

14. **28 − 5 =**

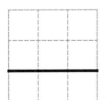

15. **49 − 14 =**

이어서 나는 [ ]을(를) 공부/연습할거야!!

129

소리내 풀기

식을 밑으로 적어서 계산하고, 값을 적으세요.

01. 26 + 21 =

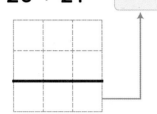

02. 34 + 15 =

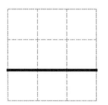

03. 17 + 22 =

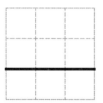

04. 33 + 11 =

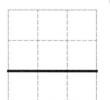

05. 21 + 12 =

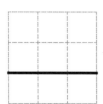

06. 12 + 27 =

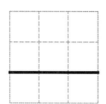

07. 35 + 14 =

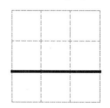

08. 27 − 23 =

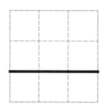

09. 49 − 32 =

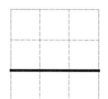

10. 38 − 8 =

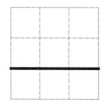

11. 44 − 33 =

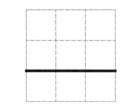

12. 29 − 13 =

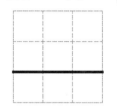

13. 37 − 22 =

14. 38 − 15 =

15. 46 − 34 =

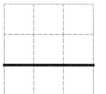

확인 (틀린 문제의 수를 적고, 약한 부분을 보충하세요.)

회차	틀린문제수
96회	문제
97회	문제
98회	문제
99회	문제
100회	문제

생각해보기 (배운 내용이 모두 이해 되었나요?)

■ 모두 이해하고 자신있다. → 다음 회로 넘어 갑니다.

■ 1~2문제 틀릴 수는 있겠지만 거의 이해한다.
  → 개념부분을 한번 더 읽고 다음 회로 넘어 갑니다.

■ 잘 모르는 것 같다.
  → 개념부분과 틀린문제를 한번 더 보고 다음 회로 넘어 갑니다.

오답노트 (앞에서 틀린 문제나 기억하고 싶은 문제를 적습니다.)

회	번
문제	풀이

회	번
문제	풀이

회	번
문제	풀이

회	번
문제	풀이

회	번
문제	풀이

공부하는 습관 !

하루 10분 수학

1단계 총정리

1 학년 1 학기 과정 8 회분

아래의 표에 1부터 50까지 깨끗이 적고, 물음에 답하세요.

위

1	2	3	4	5	6	7	8	9	10
1	2								
일	이	삼	사	오	육	칠	팔	구	십
11	12	13	14	15	16	17	18	19	20
십일	십이	십삼	십사	십오	십육	십칠	십팔	십구	이십
21	22	23	24	25	26	27	28	29	30
이십일	이십이	이십삼	이십사	이십오	이십육	이십칠	이십팔	이십구	삼십
31	32	33	34	35	36	37	38	39	40
삼십일	삼십이	삼십삼	삼십사	삼십오	삼십육	삼십칠	삼십팔	삼십구	사십
41	42	43	44	45	46	47	48	49	50
사십일	사십이	사십삼	사십사	사십오	사십육	사십칠	사십팔	사십구	오십

앞   **뒤**

아래

01. 7은 10개씩 묶음 0개와 낱개 7인 수입니다. 9는 10개씩 묶음 ☐ 개와 낱개 ☐ 인 수입니다.

02. 17은 10개씩 묶음 1개와 낱개 7인 수이고, 27은 10개씩 묶음 ☐ 개와 낱개 ☐ 인 수입니다.

03. 37은 10개씩 묶음 ☐ 개와 낱개 ☐ 인 수이고, 47은 10개씩 묶음 ☐ 개와 낱개 ☐ 인 수입니다.

102 총정리2 (50까지의 수의 위치)

월 일
분 초

5 문제 중
문제 맞힘

소리내 풀기 아래의 표에 빈칸을 깨끗이 채우고, 물음에 답하세요.

일(1) 더 큰 수   일(1) 더 작은 수   **위**

1	2	3		5	6		8	9	10
11	12		14	15		17		19	
	22	23	24		26	27	28		30
31				35	36		38	39	
41		43		45		47		49	50

열(10) 더 큰 수 (좌측)   열(10) 더 작은 수 (우측)

앞 (좌)   **뒤** (우)

열(10) 더 작은 수 (좌측)   스물(20) 더 큰 수 (우측)

아래

이(2) 더 작은 수

01. 어떤 수보다 **1**이 더 큰 수는 **1**칸 뒤에 있습니다. 어떤 수보다 **1**이 더 작은 수는 **1**칸 ☐ 에 있습니다.

02. 어떤 수보다 **10**이 더 큰 수는 **1**칸 아래에 있습니다. 어떤 수보다 **20**이 더 큰 수는 ☐ 칸 아래에 있습니다.

03. 어떤 수보다 **10**이 더 작은 수는 **1**칸 위에 있습니다. 어떤 수보다 **20**이 더 작은 수는 ☐ 칸 위에 있습니다.

04. 어떤 수보다 **30**이 더 큰 수는 **3**칸 아래에 있습니다. 어떤 수보다 **30**이 더 작은 수는 ☐ 칸 위에 있습니다.

05. **짝수**는 낱개가 **2,4,6,8,0**이고, **홀수**는 낱개가 ☐ , ☐ , ☐ , ☐ , ☐ 인 수입니다.

2개씩 짝을 만들 수 있는 수

2개씩 짝을 만들면 1개가 남는 수

아래 덧셈식과 뺄셈식을 계산해서 값을 적으세요.

01. 1 + 4 =

02. 3 + 3 =

03. 5 + 2 =

04. 7 + 1 =

05. 2 + 4 =

06. 4 + 3 =

07. 6 + 2 =

08. 8 + 1 =

09. 7 + 3 =

10. 5 + 4 =

11. 2 + 8 =

12. 3 + 3 =

13. 1 + 5 =

14. 9 + 0 =

15. 6 + 4 =

16. 2 − 1 =

17. 5 − 4 =

18. 4 − 3 =

19. 3 − 2 =

20. 1 − 1 =

21. 6 − 5 =

22. 7 − 1 =

23. 2 − 2 =

24. 9 − 3 =

25. 6 − 5 =

26. 8 − 1 =

27. 3 − 0 =

28. 0 − 0 =

29. 10 − 3 =

30. 10 − 5 =

소리내 풀기 아래의 보기와 같이 덧셈식은 뺄셈식으로, 뺄셈식은 덧셈식으로 바꿔보세요.

보기 $4 + 1 = 5$

식1) $5 - 1 = 4$

식2) $5 - 4 = 1$

01. $3 + 2 = 5$

식1)

식2)

02. $2 + 7 = 9$

식1)

식2)

03. $5 + 3 = 8$

식1)

식2)

04. $6 + 1 = 7$

식1)

식2)

05. $8 + 1 = 9$

식1)

식2)

06. $7 + 1 = 8$

식1)

식2)

보기 $3 - 1 = 2$

식1) $2 + 1 = 3$

식2) $1 + 2 = 3$

07. $5 - 4 = 1$

식1)

식2)

08. $4 - 2 = 2$

식1)

식2)

09. $6 - 5 = 1$

식1)

식2)

10. $7 - 1 = 6$

식1)

식2)

11. $8 - 5 = 3$

식1)

식2)

12. $9 - 3 = 6$

식1)

식2)

13. $10 - 3 = 7$

식1)

식2)

소리내 풀기 아래 문제를 계산하여 값을 적으세요.

01. $1 + 3 + 2 =$

02. $3 + 4 + 2 =$

03. $2 + 5 + 1 =$

04. $4 + 4 - 3 =$

05. $5 + 2 - 4 =$

06. $6 + 3 - 5 =$

07. $8 - 5 + 1 =$

08. $6 - 6 + 3 =$

09. $7 - 3 + 5 =$

10. $5 - 4 + 2 =$

11. $9 - 2 + 4 =$

12. $4 - 1 + 6 =$

13. $7 - 3 - 3 =$

14. $9 - 4 - 1 =$

15. $2 - 2 - 0 =$

16. $6 - 2 - 3 =$

17. $4 - 1 - 2 =$

18. $5 - 4 - 1 =$

 아래 덧셈식과 뺄셈식을 계산해서 값을 적으세요.

01. $10 + 4 =$

02. $30 + 3 =$

03. $40 + 2 =$

04. $2 + 10 =$

05. $1 + 20 =$

06. $2 + 30 =$

07. $10 + 20 =$

08. $20 + 20 =$

09. $20 + 30 =$

10. $12 + 10 =$

11. $22 + 20 =$

12. $10 + 31 =$

13. $20 + 14 =$

14. $12 - 2 =$

15. $16 - 6 =$

16. $24 - 4 =$

17. $35 - 5 =$

18. $41 - 1 =$

19. $12 - 10 =$

20. $27 - 20 =$

21. $24 - 10 =$

22. $35 - 10 =$

23. $47 - 23 =$

24. $34 - 20 =$

25. $24 - 14 =$

26. $35 - 15 =$

27. $49 - 29 =$

아래 덧셈식과 뺄셈식을 계산해서 값을 적으세요.

01. 3 + 7 =

02. 1 + 9 =

03. 5 + 5 =

04. 8 + 2 =

05. 6 + 4 =

06. 7 + 4 =

07. 9 + 3 =

08. 8 + 5 =

09. 4 + 9 =

10. 6 + 6 =

11. 9 + 5 =

12. 8 + 7 =

13. 13 − 3 =

14. 13 − 4 =

15. 11 − 3 =

16. 14 − 5 =

17. 15 − 7 =

18. 16 − 9 =

19. 13 − 5 =

20. 14 − 6 =

21. 17 − 8 =

22. 12 − 7 =

23. 18 − 9 =

24. 16 − 9 =

이어서 나는 [   ] 을(를) 공부/연습할거야!!

139

소리내 풀기

아래 덧셈식과 뺄셈식을 계산해서 값을 적으세요.

01. $13 + 2 =$

02. $15 + 1 =$

03. $12 + 4 =$

04. $11 + 5 =$

05. $14 + 3 =$

06. $27 + 11 =$

07. $26 + 21 =$

08. $34 + 15 =$

09. $32 + 13 =$

10. $35 + 12 =$

11. $15 - 4 =$

12. $12 - 1 =$

13. $14 - 3 =$

14. $16 - 12 =$

15. $23 - 21 =$

16. $27 - 16 =$

17. $29 - 15 =$

18. $34 - 11 =$

19. $35 - 22 =$

20. $46 - 14 =$

21. $48 - 23 =$

공부하는 습관 !

하루 10분 수학

1 단계 정답지

1 학년 1 학기 과정

바른 생각에서 바른 글씨가 나옵니다.
글자를 쓸때 정성들여서 쓰는 버릇이 생기도록
지도해 주세요

02회(13p)

① 1 ② 4 ③ 2 ④ 4 ⑤ 3
⑥ 2 ⑦ 4 ⑧ 3 ⑨ 1 ⑩ 5
⑪ 5 ⑫ 2 ⑬ 4 ⑭ 3 ⑮ 1

숫자 세는 연습을 합니다. 하나씩 지우면서 세면 실수하지
않습니다.

03회(14p)

① 다섯 ② 둘,넷 ③ 셋,셋 ④ 넷,둘
⑤ 둘,넷 ⑥ 넷,둘 ⑦ 다섯,첫 ⑧ 셋,셋

하나를 하나째라고 하지 않고, 첫째라고 하는 것에 주의!!

04회(15p)

① 1,2 ② 2,3 ③ 3,4 ④ 4,5 ⑤ 0,1
⑥ 5,4 ⑦ 4,3 ⑧ 3,2 ⑨ 5,4 ⑩ 1,0

아무것도 없는 것을 0이라 쓰고, 영이라고 읽습니다.
영어로는 제로 zero 입니다.

05회(16p)

① 1,1 ② 3,3 ③ 4,4 ④ 5,5
⑤ 1,1 ⑥ 3,3 ⑦ 4,4 ⑧ 5,0

위의 그림과 아래 그림에서 없어진 부분을 세어서
수가 변하는 것을 학습합니다.

06회(18p)

여덟에서 받침 ㄿ을 확인하고, 1~10까지 거꾸로 쓰는
연습도 해봅니다.

07회(19p)

① 6 ② 7 ③ 8 ④ 9 ⑤ 10
⑥ 9 ⑦ 6 ⑧ 10 ⑨ 8 ⑩ 7
⑪ 6 ⑫ 8 ⑬ 7 ⑭ 9 ⑮ 10

하나씩 지우면서 셉니다. 2개씩 묶어서 2,4,6,9,10로 세면
빠릅니다.

08회(20p)

① 다섯 ② 일곱,넷 ③ 여덟,셋 ④ 아홉,둘
⑤ 일곱,넷 ⑥ 아홉,둘 ⑦ 열,첫 ⑧ 여덟,셋

둘째는 순서를, 두번째라고 번을 넣으면 횟수를 나타냅니다.

09회(21p)

① 6,7 ② 7,8 ③ 8,9 ④ 9,10 ⑤ 5,6
⑥ 9,8 ⑦ 8,7 ⑧ 7,6 ⑨ 10,9 ⑩ 6,5

1부터 숫자를 읽을때 다음에 읽는 수가 1 큰 수입니다.
거꾸로 읽으면 1 작은 수를 읽는 것입니다.

10회(22p)

① 1,1 ② 2,2 ③ 3,3 ④ 4,4
⑤ 1,1 ⑥ 2,2 ⑦ 3,3 ⑧ 5,5

일상생활에서도 10은 아주 중요한 수입니다.
천원짜리 지폐를 내고 잔돈을 받을때 많이 쓰입니다.

11회 (24p)

① 9　② 7　③ 5　④ 7　⑤ 9

⑥ 3　⑦ 8　⑧ 7　⑨ 9　⑩ 5　⑪ 8

⑫ 6　⑬ 7　⑭ 3　⑮ 2　⑯ 7　⑰ 9

마지막으로 센 수가 개수가 됩니다. 1,2,3..5라 읽었으면
5개가 개수가 되고 제일 큰 수 입니다.

12회 (25p)

① 6,4,윤희　　② 3,민체,4,민체,4

③ 풀이) 현우=8개, 윤서=9개, 현우의 동전과 윤서의 동전을 하나씩
짝을 지으면 윤서의 동전이 1개가 남습니다. 그러므로 윤서가 동전
을 더 많이 가지고 있습니다.　답) 윤서

④ 풀이) 하은=2개,예은=5개, 하은이의 사과와 예은이 사과를 짝
지으면 예은이의 사과가 3개 남습니다.
답) 예은이 사과가 3개 더 많습니다.

옆의 문제풀이를 보고 같은 방법으로 풀어봅니다.

13회 (26p)

① 1　② 2　③ 1　④ 3　⑤ 2　⑥ 1　⑦ 2

⑧ 1　⑨ 3　⑩ 2　⑪ 1　⑫ 6　⑬ 5　⑭ 4

⑮ 3　⑯ 2　⑰ 1　⑱ 2　⑲ 3　⑳ 0　㉑ 5

14회 (27p)

① 7　② 6　③ 5　④ 4　⑤ 3　⑥ 2　⑦ 1

⑧ 7　⑨ 6　⑩ 5　⑪ 4　⑫ 3　⑬ 2　⑭ 1

⑮ 8　⑯ 8　⑰ 8　⑱ 9　⑲ 9　⑳ 9　㉑ 9

15회 (28p)

① 9　② 8　③ 7　④ 6　⑤ 5　⑥ 4　⑦ 3

⑧ 2　⑨ 1　⑩ 10　⑪ 10　⑫ 10　⑬ 10　⑭ 10

⑮ 8　⑯ 4　⑰ 9　⑱ 3　⑲ 1　⑳ 10　㉑ 3

16회 (30p)

① 1　② 2　③ 1　④ 3　⑤ 2　⑥ 1

⑦ 1　⑧ 1　⑨ 2　⑩ 3　⑪ 2　⑫ 1

17회 (31p)

① 4　② 3　③ 1　④ 5　⑤ 3　⑥ 2

⑦ 5　⑧ 1　⑨ 4　⑩ 4　⑪ 2　⑫ 6

18회 (32p)

① 7　② 6　③ 4　④ 3　⑤ 5　⑥ 1

⑦ 1　⑧ 3　⑨ 5　⑩ 5　⑪ 3　⑫ 7

19회 (33p)

① 9　② 2　③ 7　④ 6　⑤ 5　⑥ 4

⑦ 7　⑧ 8　⑨ 1　⑩ 6　⑪ 8　⑫ 7

20회 (34p)

① 5,3,2,2,2　　② 7,4,3,3,3　③ 8,4,4,4

④ 풀이) 도넛의 수=3개, 하은이에게 준 도넛=1개, 3은 1과 2로
가를 수 있으므로, 나는 2개를 가질 수 있습니다. 답) 2

⑤ 풀이) 공책=4권,4를 1부터 3까지 갈라보면 2와 2로 가를 수
있습니다. 그러므로 2개씩 가지면 됩니다.　답) 2

21회(36p)

① 2 ② 3 ③ 3 ④ 4 ⑤ 4 ⑥ 4

⑦ 1 ⑧ 1 ⑨ 1 ⑩ 1 ⑪ 2 ⑫ 1

22회(37p)

① 5 ② 3 ③ 1 ④ 6 ⑤ 3 ⑥ 2

⑦ 5 ⑧ 7 ⑨ 7 ⑩ 4 ⑪ 2 ⑫ 6

23회(38p)

① 8 ② 8 ③ 4 ④ 5 ⑤ 2 ⑥ 8

⑦ 9 ⑧ 6 ⑨ 9 ⑩ 5 ⑪ 3 ⑫ 8

24회(39p)

① 10 ② 8 ③ 10 ④ 4 ⑤ 5 ⑥ 10

⑦ 3 ⑧ 8 ⑨ 10 ⑩ 5,5 ⑪ 2,7 ⑫ 6,10

25회(40p)

① 2,5,7,7,7 ② 4,3,7,7,7 ③ 6,3,3

④ 풀이) 나의 상장=3개, 동생의 상장=1개, 3과 1을 모으면 4가
되므로, 모두 4개를 받았습니다. 답) 4

⑤ 풀이) 두 주머니의 구슬 수=8개, 모아서 8이 되는 수를 1부터 구해
보면 4와 4를 모으면 8이 되므로 4개씩 가지고 있었습니다. 답) 4

모이기와 가르기는 거꾸로 생각하면 됩니다. 구슬을 가지고
연습 해 보세요.

26회(42p)

① 9, 5+4=9 ② 7, 1+7=8 ③ 9, 9+1=10

④ 4, 4+4=8 ⑤ 5, 3+5=8 ⑥ 4, 4+1=5

⑦ 9, 7+2=9 ⑧ 9, 8+1=9 ⑨ 6, 6+3=9

⑩ 2, 1+2=3 ⑪ 5, 5+5=10

27회(43p)

① 3 ② 7 ③ 4 ④ 9 ⑤ 8 ⑥ 6

⑦ 9 ⑧ 6 ⑨ 8 ⑩ 8 ⑪ 6 ⑫ 7

⑬ 6 ⑭ 9 ⑮ 8 ⑯ 5 ⑰ 8 ⑱ 4

⑲ 5 ⑳ 9 ㉑ 9 ㉒ 9 ㉓ 6 ㉔ 4

㉕ 6 ㉖ 9 ㉗ 2 ㉘ 9 ㉙ 8 ㉚ 9

28회(44p)

① 3, 3+0=3 ② 0, 4+0=4 ③ 9, 9+0=9

④ 0, 7+0=7 ⑤ 0, 6+0=6 ⑥ 0, 0+8=8

⑦ 2, 0+2=2 ⑧ 1, 0+1=1 ⑨ 0, 0+3=3

⑩ 4, 0+4=4 ⑪ 0, 0+5=5

29회(45p)

① 6 ② 7 ③ 5 ④ 9 ⑤ 9 ⑥ 9

⑦ 4 ⑧ 6 ⑨ 8 ⑩ 10 ⑪ 8 ⑫ 9

⑬ 2 ⑭ 7 ⑮ 8 ⑯ 8 ⑰ 7 ⑱ 7

⑲ 5 ⑳ 2 ㉑ 10 ㉒ 9 ㉓ 9 ㉔ 3

㉕ 10 ㉖ 7 ㉗ 5 ㉘ 3 ㉙ 4 ㉚ 9

30회(46p)

① 2,6,2,6,8 식) 2+6=8 답) 8

② 5,0,5,0,5 식) 5+0=5 답) 5

③ 풀이) 빨간우산=2개, 파란우산=5개, 전체수를 알려면 두 수를 더하면 되므로 2와 5를 더하면 7이 됩니다. 답) 7

④ 풀이) 흰색차 수=1개, 노란색 차 = 4대, 전체 수를 알려면 두 수를 더하면 되므로 1과 4를 더하면 5가 됩니다. 답) 5

31회(48p)

① 2, 6-4=2 ② 2, 3-1=2 ③ 1, 8-7=1

④ 2, 7-5=2 ⑤ 1, 2-1=1 ⑥ 1, 4-3=1

⑦ 5, 9-4=5 ⑧ 1, 3-2=1 ⑨ 5, 8-3=5

⑩ 3, 7-4=3 ⑪ 1, 6-5=1

32회(49p)

① 4 ② 3 ③ 2 ④ 1 ⑤ 5 ⑥ 4

⑦ 3 ⑧ 2 ⑨ 1 ⑩ 6 ⑪ 5 ⑫ 4

⑬ 3 ⑭ 2 ⑮ 1 ⑯ 7 ⑰ 6 ⑱ 5

⑲ 4 ⑳ 3 ㉑ 2 ㉒ 1 ㉓ 8 ㉔ 7

㉕ 6 ㉖ 5 ㉗ 4 ㉘ 3 ㉙ 2 ㉚ 1

33회(50p)

① 0, 1-1=0 ② 0, 4-4=0 ③ 0, 6-6=0

④ 0, 5-5=0 ⑤ 0, 9-9=0 ⑥ 3, 3-0=3

⑦ 1, 1-0=1 ⑧ 4, 4-0=4 ⑨ 6, 6-0=6

⑩ 5, 5-0=5 ⑪ 9, 9-0=9

34회(51p)

① 4 ② 1 ③ 5 ④ 5 ⑤ 7 ⑥ 3

⑦ 0 ⑧ 2 ⑨ 8 ⑩ 8 ⑪ 2 ⑫ 1

⑬ 0 ⑭ 7 ⑮ 3 ⑯ 1 ⑰ 6 ⑱ 2

⑲ 4 ⑳ 0 ㉑ 6 ㉒ 3 ㉓ 4 ㉔ 5

㉕ 2 ㉖ 6 ㉗ 4 ㉘ 1 ㉙ 4 ㉚ 0

35회(52p)

① 8,2,8,2,6 식) 8-2=6 답) 6

② 7,0,7,0,7 식) 7-0=7 답) 7

③ 풀이) 전체 우산의 수= 5개, 빨간 우산의 수= 1개, 전체 수에서 빨간 우산의 수를 빼면 되므로 5에서 1을 빼면 4가 됩니다. 답) 4

④ 풀이) 주차되어 있는 차 = 4대, 우리집 차의 수 = 2대, 전체 수에서 우리집 차의 수를 빼면 되므로 4에서 2를 빼면 2가 됩니다. 답) 2

36회(54p)

① 5,3 ② 5,4,5,1 ③ 8,6,8,2 ④ 8,8,8,0

⑤ 1,1,5 ⑥ 8,4,8,4 ⑦ 3,3 ⑧ 2,5,3,5

⑨ 3,7,4,7 ⑩ 5,8,5,8 ⑪ 1,6,5,6 ⑫ 9,9,9,9

37회(55p)

① 10-6=4, 10-4=6 ② 5-3=2, 5-2=3

③ 10-7=3, 10-3=7 ④ 7-5=2, 7-2=5

⑤ 8-7=1, 8-1=7 ⑥ 6-2=4, 6-4=2

⑦ 2+4=6, 4+2=6 ⑧ 1+2=3, 2+1=3

⑨ 5+2=7, 2+5=7 ⑩ 1+1=2, 1+1=2

⑪ 4+5=9, 5+4=9 ⑫ 1+3=4, 3+1=4

⑬ 5+3=8, 3+5=8 ※ 순서는 상관없습니다.

38회(56p)

① 2,3,0 ② 4,2,6 ③ 2,4,1,+
④ 6,1,+ ⑤ 8,1,− ⑥ 0,2,7,−
⑦ 6,4,5,− ⑧ 3,0,+ ⑨ −,0,+,0

39회(57p)

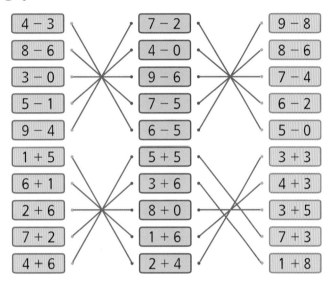

4 − 3	7 − 2	9 − 8
8 − 6	4 − 0	8 − 6
3 − 0	9 − 6	7 − 4
5 − 1	7 − 5	6 − 2
9 − 4	6 − 5	5 − 0
1 + 5	5 + 5	3 + 3
6 + 1	3 + 6	4 + 3
2 + 6	8 + 0	3 + 5
7 + 2	1 + 6	7 + 3
4 + 6	2 + 4	1 + 8

모두 계산한 후에 자를 대고 그어봅니다.

40회(58p)

① 6, 1,5, 2,4, 3,3, 4,2, 5,1
4,2,4−2=2, 3,3,3−3=0, 2,4,4−2=2
5,1,5−1=4, 4,2, 2,4 답) 4와 2, 2와 4

② 3,3,3

③ 풀이) 처음 우산의 수 = 4개, 손님에게 준 우산의 수 = □개

남은 우산 수 = 1개 이므로, 식은 4−□=1 입니다.

식의 □에 들어갈 알맞은 수는 3 이므로, 손님에게 드린 우산의

수는 3개 입니다. 식) 4−□=1 답) 3

생각문제는 천천히 문제를 읽고 중요한 것에 줄긋고 생각해
봅니다. 보기 문제를 보고 풀면서 생각문제의 푸는 방법을
익혀 봅니다.

41회(60p)

① 6,7,7 ② 5,6,6 ③ 7,9,9 ④ 5,8,8
⑤ 4,5,5 ⑥ 8,9,9 ⑦ 8,9,9 ⑧ 6,9,9
⑨ 7,8,8 ⑩ 3,9,9 ⑪ 9,9,9 ⑫ 5,6,6

수 3개가 넘는 계산은 앞쪽부터 차근차근 계산하면 됩니다.
모두 +만 있는 식은 뒤쪽부터 계산해도 됩니다.

42회(61p)

① 4,3,3 ② 7,2,2 ③ 9,7,7 ④ 3,0,0
⑤ 5,2,2 ⑥ 7,3,3 ⑦ 5,3,3 ⑧ 9,9,9
⑨ 7,1,1 ⑩ 7,2,2 ⑪ 7,4,4 ⑫ 10,6,6

43회(62p)

① 2,3,3 ② 2,3,3 ③ 3,5,5 ④ 6,9,9
⑤ 5,6,6 ⑥ 1,5,5 ⑦ 1,7,7 ⑧ 4,7,7
⑨ 6,8,8 ⑩ 4,7,7 ⑪ 4,8,8 ⑫ 2,9,9

44회(63p)

① 2,1,1 ② 3,2,2 ③ 5,3,3 ④ 5,2,2
⑤ 5,1,1 ⑥ 1,0,0 ⑦ 3,1,1 ⑧ 2,2,2
⑨ 6,1,1 ⑩ 4,1,1 ⑪ 8,4,4 ⑫ 3,1,1

45회(64p)

① 9 ② 9 ③ 8 ④ 2 ⑤ 1 ⑥ 2
⑦ 6 ⑧ 4 ⑨ 9 ⑩ 7 ⑪ 8 ⑫ 8
⑬ 0 ⑭ 2 ⑮ 0 ⑯ 2 ⑰ 4 ⑱ 1

46회(66p)

① 6　② 5　③ 9　④ 6　⑤ 9

⑥ 8　⑦ 7　⑧ 2　⑨ 3　⑩ 3

⑪ 6　⑫ 0　⑬ 3　⑭ 0　⑮ 6

47회(67p)

① 7,9　② 5,6　③ 7,3　④ 6,3　⑤ 3,5　⑥ 1,4

⑦ 7,3　⑧ 8,7　⑨ 5,2　⑩ 1,0　⑪ 8,6　⑫ 5,5

48회(68p)

① 4,6　② 8,9　③ 5,9　④ 5,8　⑤ 8,4　⑥ 9,7

⑦ 3,6　⑧ 3,8　⑨ 3,1　⑩ 1,0　⑪ 4,1　⑫ 6,10

49회(69p)

① 4,6　② 7,8　③ 4,7　④ 5,9　⑤ 9,6　⑥ 8,3

⑦ 2,6　⑧ 1,7　⑨ 8,3　⑩ 6,2　⑪ 7,5　⑫ 9,6

50회(70p)

① 2,3,4,2+3+4,9　식) 2+3+4=9　답) 9

② 5,2,4,5−2+4,7　식) 5−2+4=7　답) 7

③ 1,2,3,1+2+3,6　식) 1+2+3=6　답) 6

④ 풀이) 처음 색종이 수=6장, 종이학 만든 색종이 수 = 3장

비행기 만든 색종이 수 = 2장,

남은 색종이 수 = 처음 색종이 수 − 종이학 만든 수 − 비행기 만든 수

이므로 식은 6−3−2이고 답은 1장입니다.

식) 6−3−2　답) 1

51회(72p)

① 11　② 15　③ 18　④ 15　⑤ 15　⑥ 19　⑦ 20

⑧ 19　⑨ 16　⑩ 12　⑪ 10　⑫ 12　⑬ 15　⑭ 13

⑮ 12　⑯ 11　⑰ 14　⑱ 16　⑲ 14

52회(73p)

① 1,2　② 1,5　③ 1,1　④ 1,7　⑤ 1,9　⑥ 1,0

⑦ 18　⑧ 16　⑨ 14　⑩ 15　⑪ 12　⑫ 20

53회(74p)

① 11　② 13　③ 14　④ 16　⑤ 12　⑥ 17　⑦ 15

⑧ 13　⑨ 19　⑩ 12　⑪ 16　⑫ 14　⑬ 18　⑭ 10

⑮ 4　⑯ 6　⑰ 5　⑱ 3　⑲ 7　⑳ 2　㉑ 10

10개묶음의 수와 낱개의 수를 정확히 익힙니다.

54회(75p)

① 1　② 3　③ 5　④ 6　⑤ 2　⑥ 7　⑦ 8

⑧ 10　⑨ 10　⑩ 10　⑪ 10　⑫ 10　⑬ 10　⑭ 10

⑮ 13　⑯ 17　⑰ 12　⑱ 10　⑲ 10　⑳ 10　㉑ 10

55회(76p)

① 1,1　② 1,5　③ 1,7　④ 12　⑤ 16　⑥ 18

⑦ 11　⑧ 18　⑨ 13　⑩ 16　⑪ 7　⑫ 2　⑬ 5

⑭ 4　⑮ 9　⑯ 10　⑰ 2　⑱ 5　⑲ 10　⑳ 10

㉑ 10　㉒ 10　㉓ 10　㉔ 21　㉕ 19　㉖ 20

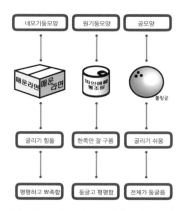
148

66회(90p)

① 1,2,12 ② 4,1,11 ③ 2,4,14 ④ 4,0,10
⑤ 1,4,14 ⑥ 4,1,11 ⑦ 3,3,13 ⑧ 2,5,15

67회(91p)

① 4,1,11 ② 2,2,12 ③ 1,2,12 ④ 3,3,13
⑤ 1,5,15 ⑥ 3,2,12 ⑦ 2,5,15 ⑧ 4,4,14
⑨ 11 ⑩ 14 ⑪ 12 ⑫ 11

9번 8+2+1=10+1=11   10번 9+1+4=10+4=14
11번 6+4+2=10+2=12   12번 7+3+1=10+1=11

68회(92p)

① 1,2,11 ② 0,4,10 ③ 3,3,13 ④ 1,4,11
⑤ 2,1,12 ⑥ 2,10,14 ⑦ 3,10,12 ⑧ 1,10,17

69회(93p)

① 1,4,11 ② 2,2,12 ③ 5,1,15 ④ 4,3,14
⑤ 1,10,14 ⑥ 2,10,15 ⑦ 4,10,14 ⑧ 3,10,16
⑨ 13 ⑩ 18 ⑪ 12 ⑫ 10

9번 3+2+8=3+10=13   10번 8+1+9=8+10=18
11번 2+3+7=2+10=12   12번 0+4+6=0+10=10

70회(94p)

① 1,5,15 ② 2,1,11 ③ 3,1,11 ④ 4,1,11
⑤ 3,3,13 ⑥ 7,1,17 ⑦ 2,8,15 ⑧ 1,9,14
⑨ 15(9+1+5,5+4+6) ⑩ 12(5+5+2,2+3+7)
⑪ 13(4+6+3,3+1+9) ⑫ 16(8+2+6,6+2+8)

71회(96p)

① 3,1,4 ② 1,6,7 ③ 6,2,8 ④ 4,4,8
⑤ 5,3,8 ⑥ 1,1,5 ⑦ 5,5,8 ⑧ 3,3,8

72회(97p)

① 5,4,9 ② 4,2,6 ③ 3,5,8 ④ 6,3,9
⑤ 6,6,7 ⑥ 5,5,8 ⑦ 7,7,9 ⑧ 4,4,8
⑨ 5 (10−8+3) ⑩ 6 (10−9+5)
⑪ 3 (10−8+1) ⑫ 8 (10−6+4)

73회(98p)

① 1,2,8 ② 4,2,8 ③ 6,1,9 ④ 5,3,7
⑤ 3,3,7 ⑥ 1,1,9 ⑦ 2,2,8 ⑧ 3,3,7

74회(99p)

① 5,1,9 ② 4,4,6 ③ 3,2,8 ④ 6,1,9
⑤ 3,3,7 ⑥ 2,2,8 ⑦ 1,1,9 ⑧ 2,2,8
⑨ 6 (14−4−4) ⑩ 8 (16−6−2)
⑪ 6 (13−3−4) ⑫ 2 (11−1−8)

75회(100p)

① 3,4,7 ② 1,2,3 ③ 2,2,7 ④ 4,4,7
⑤ 8,1,9 ⑥ 6,2,8 ⑦ 2,2,8 ⑧ 2,2,8
⑨ 7 (16−6−3,10−9+6) ⑩ 8 (15−5−2,10−7+5)
⑪ 8 (14−4−2,10−6+4) ⑫ 9 (17−7−1,10−8+7)

76회(102p)

① 17,19　② 15,16　③ 12,16　④ 16,19
⑤ 14,16　⑥ 12,15　⑦ 19,15　⑧ 19,18
⑨ 16,13　⑩ 14,10　⑪ 15,13　⑫ 14,14

77회(103p)

① 14,16　② 17,18　③ 14,17　④ 15,19
⑤ 19,16　⑥ 18,13　⑦ 12,16　⑧ 11,17
⑨ 18,13　⑩ 16,12　⑪ 17,15　⑫ 9,6

78회(104p)

① 1,1,11　② 1,1,11　③ 1,1,11　④ 2,2,12
⑤ 5,5,15　⑥ 14 (6+4+4)　⑦ 16 (7+3+6)
⑧ 13 (4+6+3)　⑨ 13 (5+5+3)　⑩ 16 (7+3+6)
⑪ 16 (9+1+6)　⑫ 12 (3+7+2)　⑬ 12 (8+2+3)
⑭ 13 (8+2+3)　⑮ 15 (7+3+5)

79회(105p)

① 4,4,6　② 5,5,5　③ 2,2,8　④ 2,2,8
⑤ 2,2,8　⑥ 8 (16-6-2)　⑦ 8 (17-7-2)
⑧ 7 (14-4-3)　⑨ 9 (15-5-1)　⑩ 7 (12-2-3)
⑪ 4 (11-1-6)　⑫ 4 (13-3-6)　⑬ 7 (15-5-3)
⑭ 7 (12-2-3)　⑮ 8 (14-4-2)

80회(106p)

① 6,5,6+5,11　식) 6+5　답) 11
② 8,3,8+3,11　식) 8+3　답) 11

---

③ 12,4,12-4,8　식) 12-4　답) 8
④ 풀이) 처음 색종이 수=15장, 만든 색종이 수 = 7장

　　남은 색종이 수 = 처음 색종이 수 – 만든 책종이 수 이므로

　　식은 15-7이고 답은 8장입니다.　식) 15-7　답) 8

81회(108p)

② 36

각 수의 위치를 알면 모든 수가 다르게 느껴 집니다.
계산을 많이 하면 값을 외우게 되고 계산이 빨라집니다.
계산하는 원리를 완벽히 이해하고 습득하는 것이 중요합니다.

82회(109p)

① 1,2　② 1,9　③ 2,5　④ 2,7
⑤ 3,4　⑥ 5,0　⑦ 28　⑧ 31
⑨ 49　⑩ 7　⑪ 46　⑫ 40

83회(110p)

② 50　③ 2,5　④ 3,4,4,3　⑤ 4,7
⑥ 4

84회(111p)

① 19　② 37　③ 45　④ 17　⑤ 49　⑥ 36　⑦ 22
⑧ 36　⑨ 21　⑩ 44　⑪ 25　⑫ 42　⑬ 19　⑭ 22
⑮ 17　⑯ 23　⑰ 40　⑱ 37　⑲ 49　⑳ 40

85회(112p)

① 낱개가 2,4,6,8,0인 모든 수를 적으세요.
② 홀수　③ 홀수　④ 짝수

86회(114p)

① 31 ② 23 ③ 44 ④ 16 ⑤ 22 ⑥ 37 ⑦ 45
⑧ 43 ⑨ 29 ⑩ 32 ⑪ 16 ⑫ 24 ⑬ 48 ⑭ 30
⑮ 4 ⑯ 6 ⑰ 5 ⑱ 3 ⑲ 7 ⑳ 2 ㉑ 0

87회(115p)

① 30 ② 40 ③ 40 ④ 40 ⑤ 50 ⑥ 50 ⑦ 50
⑧ 10 ⑨ 10 ⑩ 20 ⑪ 10 ⑫ 20 ⑬ 30 ⑭ 0
⑮ 40 ⑯ 40 ⑰ 40 ⑱ 40 ⑲ 10 ⑳ 30 ㉑ 0

88회(116p)

① 3,1 ② 2,4 ③ 4,6 ④ 42 ⑤ 23 ⑥ 37
⑦ 23 ⑧ 37 ⑨ 45 ⑩ 14 ⑪ 7 ⑫ 2 ⑬ 5
⑭ 4 ⑮ 9 ⑯ 0 ⑰ 40 ⑱ 30 ⑲ 50 ⑳ 30
㉑ 20 ㉒ 0 ㉓ 10 ㉔ 30 ㉕ 30 ㉖ 50

89회(117p)

① 23 ② 36 ③ 41 ④ 47 ⑤ 35 ⑥ 37 ⑦ 42
⑧ 41 ⑨ 37 ⑩ 25 ⑪ 48 ⑫ 32 ⑬ 43 ⑭ 45
⑮ 33 ⑯ 22 ⑰ 11 ⑱ 29 ⑲ 17 ⑳ 5 ㉑ 13

90회(118p)

① 14 ② 25 ③ 37 ④ 48 ⑤ 43
⑥ 27 ⑦ 43 ⑧ 32 ⑨ 14 ⑩ 41
⑪ 50 ⑫ 40 ⑬ 50 ⑭ 50 ⑮ 23
⑯ 42 ⑰ 41 ⑱ 35 ⑲ 34 ⑳ 37
㉑ 40 ㉒ 30 ㉓ 20 ㉔ 10 ㉕ 10
㉖ 35 ㉗ 12 ㉘ 7 ㉙ 17 ㉚ 6

91회(120p)

① 3,6 ② 3,7 ③ 3,1 ④ 1,8 ⑤ 15 ⑥ 26 ⑦ 24
⑧ 32 ⑨ 47 ⑩ 26 ⑪ 38 ⑫ 37 ⑬ 39 ⑭ 44

92회(121p)

① 0,6 ② 1,3 ③ 1,7 ④ 2,3 ⑤ 3,5 ⑥ 3,9
⑦ 25 ⑧ 28 ⑨ 38 ⑩ 36 ⑪ 39 ⑫ 38 ⑬ 47
⑭ 44 ⑮ 38 ⑯ 44 ⑰ 43 ⑱ 49 ⑲ 27 ⑳ 37

93회(122p)

① 1,1 ② 1,3 ③ 1,3 ④ 3,2 ⑤ 12 ⑥ 21 ⑦ 7
⑧ 1 ⑨ 0 ⑩ 31 ⑪ 11 ⑫ 33 ⑬ 32 ⑭ 22

94회(123p)

① 0,4 ② 0,3 ③ 1,3 ④ 1,0 ⑤ 1,2 ⑥ 1,2
⑦ 1 ⑧ 8 ⑨ 14 ⑩ 16 ⑪ 15 ⑫ 8 ⑬ 1
⑭ 24 ⑮ 31 ⑯ 37 ⑰ 20 ⑱ 31 ⑲ 11 ⑳ 3

95회(124p)

① 0,9 ② 2,2 ③ 4,8 ④ 0,2 ⑤ 0,3 ⑥ 1,0
⑦ 27 ⑧ 38 ⑨ 36 ⑩ 48 ⑪ 46 ⑫ 47 ⑬ 47
⑭ 0 ⑮ 11 ⑯ 2 ⑰ 21 ⑱ 17 ⑲ 26 ⑳ 32

96회(126p)

① 26 ② 48 ③ 45 ④ 35 ⑤ 37 ⑥ 44 ⑦ 29
⑧ 28 ⑨ 47

앞의 수를 위에, 뒤의 수를 밑에 적고 기호도 꼭 적으세요.

97회 (127p)

01 25　02 16　03 45　04 37　05 43

06 38　07 37　08 37　09 48　10 39

11 37　12 46　13 46　14 17　15 49

98회 (128p)

01 2　02 16　03 23　04 12　05 21

06 11　07 6　08 32　09 13

99회 (129p)

01 5　02 15　03 20　04 3　05 12

06 22　07 31　08 13　09 4　10 32

11 30　12 13　13 3　14 23　15 35

100회 (130p)

01 47　02 49　03 39　04 44　05 33

06 39　07 49　08 4　09 17　10 30

11 11　12 16　13 15　14 23　15 12

101회(총정리1회, 133p)

① 0,9 ② 2,7 ③ 3,7, 4,7

102회(총정리2회, 134p)

① 앞 ② 2(두) ③ 2(두) ④ 3(세)

⑤ 1,3,5,7,9

103회(총정리3회, 135p)

① 5 ② 6 ③ 7 ④ 8 ⑤ 6
⑥ 7 ⑦ 8 ⑧ 9 ⑨ 10 ⑩ 9
⑪ 10 ⑫ 6 ⑬ 6 ⑭ 9 ⑮ 10
⑯ 1 ⑰ 1 ⑱ 1 ⑲ 1 ⑳ 0
㉑ 1 ㉒ 6 ㉓ 0 ㉔ 6 ㉕ 1
㉖ 7 ㉗ 3 ㉘ 0 ㉙ 7 ㉚ 5

104회(총정리4회, 136p)

① 5−2=3, 5−3=2   ② 9−7=2, 9−2=7
③ 8−3=5, 8−5=3   ④ 7−1=6, 7−6=1
⑤ 9−1=8, 9−8=1   ⑥ 8−1=7, 8−7=1
⑦ 1+4=5, 4+1=5   ⑧ 2+2=4, 2+2=4
⑨ 1+5=6, 5+1=6   ⑩ 6+1=7, 1+6=7
⑪ 3+5=8, 5+3=8   ⑫ 6+3=9, 3+6=9
⑬ 7+3=10, 3+7=10

105회(총정리5회, 137p)

① 6 ② 9 ③ 8 ④ 5 ⑤ 3 ⑥ 4
⑦ 4 ⑧ 3 ⑨ 9 ⑩ 3 ⑪ 11 ⑫ 9
⑬ 1 ⑭ 4 ⑮ 0 ⑯ 1 ⑰ 1 ⑱ 0

106회(총정리6회, 138p)

① 14 ② 33 ③ 42 ④ 12 ⑤ 21 ⑥ 32 ⑦ 30
⑧ 40 ⑨ 50 ⑩ 22 ⑪ 42 ⑫ 41 ⑬ 34 ⑭ 10
⑮ 10 ⑯ 20 ⑰ 30 ⑱ 40 ⑲ 2 ⑳ 7 ㉑ 14
㉒ 25 ㉓ 24 ㉔ 14 ㉕ 10 ㉖ 20 ㉗ 20

107회(총정리7회, 139p)

① 10 ② 10 ③ 10 ④ 10 ⑤ 10 ⑥ 11 ⑦ 12
⑧ 13 ⑨ 13 ⑩ 12 ⑪ 14 ⑫ 15 ⑬ 10 ⑭ 9
⑮ 8 ⑯ 9 ⑰ 8 ⑱ 7 ⑲ 8 ⑳ 8 ㉑ 9
㉒ 5 ㉓ 9 ㉔ 7

108회(총정리8회, 140p)

① 15 ② 16 ③ 16 ④ 16 ⑤ 17 ⑥ 38 ⑦ 47
⑧ 49 ⑨ 45 ⑩ 47 ⑪ 11 ⑫ 11 ⑬ 11 ⑭ 4
⑮ 2 ⑯ 11 ⑰ 14 ⑱ 23 ⑲ 13 ⑳ 32 ㉑ 25

이제 1학년 1학기 원리와 계산력 부분을 모두 배웠습니다.
이것을 바탕으로 서술형/사고력 문제도 자신있게 풀어보세요!!!
수고하셨습니다.

문의 : WWW.OBOOK.KR (고객센타 : 031-447-5009)

MeMo

※ 단순사칙연산(덧셈,뺄셈,곱셈,나눗셈)만 연습하기를 원하시면
www.obook.kr의 자료실(연산엑셀파일)을 이용하세요.
연산만을 너무 많이 하면, 수학이 싫어지는 지름길입니다.

※ 하루 10분 수학을 다하고 다음에 할 것을 정할 때,
수학익힘책을 예습하거나, 복습하는 것을 추천합니다.
수학공부는 교과서, 익힘책, 하루10분수학으로 충분합니다. ^^